小吃 川味 招牌

招牌川味菜系

张刚 编著

U0213236

 甘肃科学技术出版社

图书在版编目（CIP）数据

招牌川味小吃 / 张刚编著. -- 兰州：甘肃科学技术出版社，2017.8

ISBN 978-7-5424-2429-7

Ⅰ．①招… Ⅱ．①张… Ⅲ．①川菜—菜谱 Ⅳ.
①TS972.182.71

中国版本图书馆CIP数据核字(2017)第231858号

招牌川味小吃
ZHAOPAI CHUANWEI XIAOCHI

张刚　编著

出 版 人　王永生

责任编辑　何晓东

图文制作　深圳市金版文化发展股份有限公司

出　版　甘肃科学技术出版社

社　址　兰州市读者大道568号　730030

网　址　www.gskejipress.com

电　话　0931-8773238（编辑部）　0931-8773237（发行部）

京东官方旗舰店　http://mall.jd.com/index-655807.btml

发　行　甘肃科学技术出版社　　印　刷　深圳市雅佳图印刷有限公司

开　本　720mm×1016mm　1/16　　印　张　10　字　数　168 千字

版　次　2018年1月第1版　　印　次　2018年1月第1次印刷

印　数　1～6000

书　号　ISBN 978-7-5424-2429-7

定　价　29.80元

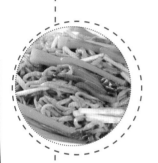

川菜为什么火爆全世界

（代序）

　　菜系因风味而别，风味则因各地物产、习俗、气候之不同而异。所以，广大的中国有了"四大菜系"、"八大菜系"、"十大风味"，大致呈现出南甜北咸、东辣西酸的格局和五味调和、各具风味的多彩之态。在相对封闭的年代，人们都吃着家乡的风味菜长大、成长，感受着故土给我们的恩赐和厚爱。

　　世界那么大，我想去看看。人有趋于稳定的惰性，也有趋向求变的冲动。当然，由于政治、经济和交通等原因，过去能游历各地、感受不同的人只是少数，但现在不同了，南来北往、东奔西走已经成了很多人的常态，交流由此剧烈深入，风味由此加速传播。而这一轮新的传播中，影响最大、走得最远最宽者，非川菜莫属。毫不夸张地说，凡有人群的聚集处，都能看到川菜的身影。在中国如是，在世界各地也大体差不多。如果从餐馆绝对数量和分布面广阔这两个指标来看，川菜无疑已经成长为中国最大的菜系，没有之一。

　　那么，问题来了。同样是深耕于一地的川菜，为什么能在群雄逐鹿中脱颖而出，影响力日趋巨大呢？

　　问题虽然尖锐，答案并不复杂。

　　川菜被公认为是"平民菜"、"百姓菜"，这一亲民的特征，源于川菜多是用普通材料做出美味佳肴，是千家万户都可以享受的口福。同样的麻婆豆腐、夫妻肺片，既可以上国宴，也可以在路边的"苍蝇餐馆"吃到，还可以自己在家中自烹自乐。花钱不多，吃个热乎。亲民者粉丝多，是再自然不过的现象了。此为答案一也。

　　川菜是开放性的菜系。自先秦以降，2000多年来，四川经历了多次规模壮观的大移民。来自全国各地的人们，把自己本来的饮食习俗、烹调技艺与四川原住民的饮食习俗在"好辛香，尚滋味"这一地方传统的统领下，形成了动态、丰富的口味系统，使川菜享有了"一菜一格，百菜百味"的美誉。麻辣让人领略酣畅淋漓的刺激，清鲜令君感受温暖关爱的深情。选择可以多样而丰富的体验，是川菜一骑绝尘备受追捧的内因。此为答案二也。

川菜是具有侵略性、征服性的菜系。用传统医学的说法是，辛辣的食物刺激性强，有行血、散寒、解郁、除湿之功效，有促进唾液分泌、增强食欲之功能。科学研究表明，辣椒和花椒因为一种叫Capsinacin的物质而有麻痹的作用，它超越味觉的层面，直达人的神经系统促进兴奋，能让人越吃越上瘾。"上瘾"的东西一旦染上，要戒掉是很难的。所以非川人吃川菜常常是边吃边骂，骂了还要吃，完全是"痛并快乐着"的饕餮景象。这正是川菜具备侵略性、征服性最根本的原因。进一步说，川菜这种追求刺激、激发活力的特征正因应了当今时代求新求变、勇于破除常规、提升创造力的社会心理和消费心理。再加上川人向外的流布在本来基数就很大的基础上有加速的态势，促进着川菜的更快传播。此为答案三也。

问题回答完毕，回到本套丛书。川菜飘香全球，各色人种共享，无疑是世界品味中国的一道最具滋味的大餐。正是在这一背景下，我们编纂了这套"招牌川式菜"丛书，一套四册。本着把最美的"人间口福"带给千家万户的态度和愿景，我们以专业的眼光、实用为本的原则，精选了1000余款川菜和川味小吃，做到既涵盖传统川菜之精华，又展现创新川菜之风貌。在此基础上，还给出了多数菜式大致的营养特点，希望能帮助你在不同的季节、不同的健康状况下，选择每一天最适合自己的美食，做一个健康的美食人。同时，考虑到也许有一部分读者，下厨经验不足，我们还精选了数百条"厨房小知识"，希望能有助于初入厨房的你，少走弯路，快乐轻松地烹饪自己属意的美食。

好了，准备好了吗？

准备好了，就挽起袖子，拿起菜刀和勺子，开始自己美妙的川菜之旅！

开启小家庭的幸福生活！

2017 年冬月于蓉城静心斋

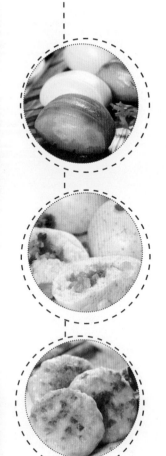

Contents

Part 1

煮品、拌品、炒品

Contents

Part 2

蒸品

Part 3

煎品、炸品

Part 1 万千滋味 余味犹存

招牌川味小吃

煮品、拌品、炒品

酸辣粉

主料：
生菜、水发红薯粉。

调料：
● 榨菜、肉末、白芝麻、花生米、水发黄豆、香菜、盐、鸡粉、胡椒粉、生抽、辣椒酱、水淀粉、食用油各适量。

操作要领：
红薯粉煮好后可过一下凉开水，以免黏在一起。

制作方法：
1.洗净的生菜去除老叶；洗好的香菜切碎。
2.锅中注入适量清水烧开，加入食用油，放入生菜，煮至其断生，捞出生菜。
3.沸水锅中倒入红薯粉，加入盐、鸡粉，拌匀，煮至其断生后捞出，装入碗中。
4.锅中注水烧开，加入食用油，放入胡椒粉、生抽，拌匀，大火煮至沸，调成味汁，盛入碗中。
5.热锅注油烧热，倒入花生米，用小火炸至其香脆，捞出，沥干油分。
6.锅底留油烧热，倒入肉末，炒至变色，加入4毫升生抽，炒匀，放入辣椒酱，炒匀。
7.放入洗净的黄豆、榨菜，炒匀，注入少许清水，拌匀。
8.用大火煮至沸，加入2克鸡粉、2克盐，拌匀调味，用水淀粉勾芡，制成酱菜。
9.取红薯粉，放上生菜，盛入味汁、酱菜。
10.撒上花生米、白芝麻，点缀上香菜即可。

钟水饺

主料：
肉胶、饺子皮。

调料：
● 盐、鸡粉、生抽、芝麻油、蒜末、姜末、花椒各适量。

制作方法：
1. 花椒装入碗中，加入适量开水，浸泡约10分钟。
2. 肉胶倒入碗中，加入姜末、花椒水，放盐、鸡粉、生抽，加芝麻油，拌匀，制成馅料。
3. 取适量馅料，放在饺子皮上，收口，捏紧成生坯，放入沸水锅中，煮5分钟至熟。
4. 取小碗，加入生抽、蒜末，制成味汁。
5. 把煮好的饺子捞出装盘。用味汁佐食饺子即可。

操作要领：
钟水饺的馅料包制时不要加太多。

营养特点

饺子皮是用面粉做的，属于主食，它含有糖类、维生素等，是人体热量的主要来源。

厨房小知识

饺子包馅封扣前，将饺子皮边缘用清水抹一下再捏紧，这样包好的饺子煮时不易破皮。

冬笋水饺

主料：
肉馅、饺子皮、冬笋。

调料：
● 盐、味精、糖、香油各适量。

制作方法：
1. 冬笋切粒，稍焯捞出。
2. 冬笋粒与肉馅加调料拌成馅。
3. 取饺子皮包入馅，将饺子皮的两角向中间折拢，折成十字形后捏紧。
4. 将边缘的面皮捏成波浪形，入锅中煮熟即可。

操作要领：
煮饺子时水要多，煮之前放少许盐，饺子不会粘连。

厨房小知识
饺子皮多了怎么办？擀薄，切成面条，煮熟以后拌点饺子的蘸水就可以吃了。

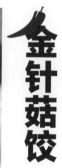

金针菇饺

主料：
鲜肉馅、金针菇、饺子皮。

调料：
● 盐适量。

制作方法：
1. 金针菇洗净入沸水余烫，捞起后放冷水中冷却。
2. 将冷却的金针菇切粒，加盐与肉馅拌匀。
3. 取一饺子皮，内放适量金针菇馅。
4. 再将面皮对折，捏紧成饺子形，再下入沸水中煮熟即可。

操作要领：
煮饺子时随时加以冷水，调节水温，可避免冲烂饺子。

厨房小知识
饺子包多了怎么办？冰箱冷冻抽屉底下铺上一层保鲜馍，然后把饺子一个个排展开。等到冻住后，再装到保鲜袋里就好了。

韭黄水饺

主料:

肉馅、饺子皮、韭黄。

调料:

● 盐、糖各适量。

制作方法:

1.韭黄切末,拌入肉馅内,加剩余用料(饺子皮除外)拌成馅。

2.取饺子皮,内放馅,对折成半圆形封好,捏紧边缘,再将面皮从中间向外挤,即成饺子生坯。

3.生坯入沸水煮熟即可。

操作要领:

韭黄切的末越细小越好。

韭黄含有挥发性精油及硫化物等特殊成分,散发出一种独特的辛香气味,有助于疏调肝气,增进食欲,增强消化功能。

牛肉水饺

主料:

牛肉、饺子皮。

调料:

● 盐、味精、香油、蚝油、糖、胡椒粉、生抽各少许。

制作方法:

1.牛肉洗净,去血水,切成牛肉末。

2.往牛肉末中加入所有调味料。

3.拌匀制成馅料。

4.取一饺子皮,内放牛肉馅。

5.将面皮对折,封口收好,捏紧。

6.将面皮从中间向外挤压成水饺,放入锅中煮熟即可。

操作要领:

最好选用鲜嫩的牛肉。

牛肉富含 B 族维生素、铁,可以益气补血。

上汤水饺

主料:
面粉、青菜、肉、红椒、上汤各适量。

调料:
● 盐、葱、醋各少许。

制作方法:
1. 将面和好,擀成饺子皮;肉剁末,红椒切粒,葱切花,混合后加盐拌成馅。
2. 饺子皮包入馅,锅内放上汤烧热,将饺子放入锅中煮熟。
3. 锅中调入盐、红椒、葱、青菜,淋入少许醋,出锅即可。

操作要领:
在馅里加入少许油拌匀,油会把蔬菜的表面包住,形成一层薄薄的油膜,饺子馅里的菜就不易渗出水了。

厨房小知识

擀饺子皮时,每500克面粉加拌一个鸡蛋,饺子皮挺刮不粘连。

香干水饺

主料:
青葱、五香豆干条、绞肉、饺子皮。

调料:
● 盐、酱油、香油各适量。

制作方法:
1. 青葱洗净,取尾段切碎。
2. 五香豆干条切碎,倒入葱绿、绞肉与酱油、盐、香油搅成馅料。
3. 饺子皮包入馅料。
4. 锅内加水煮滚,放入饺子煮至水滚,再加冷水,如此动作反复三次,待水饺浮起即可。

操作要领:
拌好的肉馅先放半个小时,肉和作料更好融合在一起,比较好吃。

营养特点

豆腐干中含有丰富蛋白质,而且豆腐蛋白属完全蛋白,不仅含有人体必需的8种氨基酸,而且其比例也接近人体需要,营养价值较高。

鱼肉水饺

主料：

饺子皮、鱼肉。

调料：

● 盐、料酒、姜、葱各少许。

制作方法：

1. 鱼肉加料酒，剁泥，姜、葱剁泥。
2. 鱼肉泥加盐、姜、葱，搅拌至肉馅上劲，即成鱼肉馅；将水饺皮取出，包入鱼肉馅，做成木鱼状生水饺坯。
3. 锅中加水烧开，放入生水饺，煮至熟即可。

操作要领：

锅中倒入适量的水烧开，放入饺子，煮到浮起时加入凉水，再次煮开就可以盛出了。

厨房小知识

饺子馅多了怎么办？在锅里放清水／高汤，烧开后，把多余的馅做成肉圆子放进去，放一些盐，烧熟后就是美味的清汤肉圆子。

三鲜抄手

主料：

猪肉、抄手皮、蛋皮、虾皮、香菜、紫菜。

调料：

● 盐、味精、香油、高汤各适量。

制作方法：

1. 猪肉搅碎和盐、味精拌成馅。抄手皮擀成薄纸状，包入馅，捏成团。
2. 在沸水中下入抄手，加冷水再次煮沸，捞起放在碗中。
3. 在碗中放入蛋皮、虾皮、紫菜、香菜末，加盐、煮沸的高汤，淋上香油即可。

操作要领：

猪肉最好选八分瘦两分肥的。

厨房小知识

煮开后可以按一下抄手带馅的部分，按下去马上就弹起来就说明已经熟了。

三鲜汤饺

主料：
麦面粉、水发海参、鲜虾肉、猪肉。

调料：
● 青菜叶、盐、酱油、醋、熟猪油、香油、肉皮汤各适量。

制作方法：
1. 面粉掺水和成面团，反复揉搓使表皮光滑，搓长条下剂子，擀成圆片待用。
2. 将猪肉洗净剁成馅，海参、虾肉切碎，肉皮汤加盐拌入肉馅中，用面皮包馅，捏成月牙形饺子，入沸水中煮熟，放入洗净的青菜叶、点盐、酱油、醋、熟猪油，淋入香油即成。

操作要领：
煮饺子时需要及时搅动（顺时针），防止饺子在水中粘在一起。

营养特点：
虾中富含维生素 A，可保护眼睛；还有维生素 B 群，能消除疲劳，增强体力。

口蘑燕饺

主料：
猪碎肉、水发香菇、面粉、口蘑、胡萝卜、菜胆。

调料：
● a料：盐、胡椒、料酒、姜米、水淀粉、清水、蛋液；
● 姜片、葱节、盐、胡椒、味精、鲜鸡汤、水淀粉、色拉油各适量。

制作方法：
1. 水发香菇切成粒，同猪碎肉入碗，加a料拌匀成肉馅；口蘑、胡萝卜分别切成片；面粉入盆，加盐、清水和匀成面团。
2. 面团搓条、下剂，擀制成圆形皮张，逐一包入肉馅制成饺子。
3. 锅内放入色拉油，下姜片、葱节爆香，掺入鲜鸡汤，拣去姜、葱不用，依次下入饺子、口蘑、菜胆，调入盐、胡椒、味精，用水淀粉勾薄芡起锅装入盆内即可。

虾仁抄手

主料：

精面粉、鲜虾仁、青鱼肉。

调料：

● 食碱、鸡蛋清、鸡蛋、绍酒、猪腿肉、盐、味精、鸡汤、熟猪油各适量。

制作方法：

1. 将食碱用清水化开，掺入面粉中，加进鸡蛋清和成面团，反复揉搓，最后擀成薄片，用刀切成抄手皮。猪腿肉、青鱼肉洗净，分别切成碎米粒，与虾仁一起加熟猪油、鸡蛋、绍酒、盐、味精、鸡汤，搅拌均匀成馅。

2. 拿面皮包馅心捏成"元宝状"，放入开水锅中，用旺火烧煮，待抄手浮起点水，即可盛出。

操作要领：

抄手馅里面千万不能加豆粉，可以适量加点鸡蛋。

鲜肉抄手

主料：

面粉、五花肉。

调料：

● 姜汁、盐、黄酒、味精、麻油、熟猪油、香菜、小葱、虾皮、紫菜、鸡蛋清各适量。

制作方法：

1. 将盐用水化开，掺入面粉中，加进蛋清，揉成团，饧20分钟后，反复揉搓，揉光搓透，擀成大片，叠成数层，用刀切正方形即抄手皮子。

2. 将肉剁碎，点盐、黄酒、葱、姜汁、味精、熟猪油、麻油、水搅拌上劲，即成鲜肉馅。取抄手皮包馅，入沸水中煮开，待抄手浮起，撒入香菜、葱花、虾皮、紫菜、盐滚匀即成。

操作要领：

若不喜欢吃猪油也可以用其他食用油代替。

白菜水饺

主料：
面粉、猪碎肉、大白菜。

调料：
- a料：盐、姜汁、胡椒、料酒、鸡蛋液、水淀粉；
- b料：红酱油、红油辣椒、蒜泥、味精；
- 熟芝麻适量。

制作方法：
1. 大白菜切丝，加盐拌匀腌渍，挤去水分，同猪碎肉放入碗中，加入 a 料拌匀成馅。
2. 面粉加盐、清水揉成面团，擀制成圆形皮张，逐一包入馅料成饺子生坯。
3. 饺胚放入开水中煮至熟，捞于碗中，淋上 b 料，撒上熟芝麻即可。

操作要领：
红酱油是用酱油加红糖、八角、香叶、小茴等香料上火熬制而成的。

营养特点
胆囊炎、胰腺炎病人吃饺子，油不可过多。

厨房小知识
饧面团时，面团要用盖子盖好，或者用毛巾盖好，防止流失水分。

酸辣抄手

主料：
抄手皮、肉末。

调料：
● 盐、红油、醋、香油、鲜汤、香菜、姜、葱、蒜各适量。

制作方法：
1. 香菜切末，姜、葱、蒜切末，加醋、红油、香油、盐制成调味料备用。
2. 盐、肉末放入碗内，拌成馅料。
3. 将馅料放入抄手皮，逐个包好。
4. 净锅烧开水，下抄手煮至浮起，捞出盛入有鲜汤的碗，加调料拌匀即可。

操作要领：
抄手馅料不能太干也不能太稀，以免影响口感。

营养特点

面粉富含蛋白质、碳水化合物、维生素和钙、铁、磷、钾、镁等矿物质，有养心益肾、健脾厚肠、除热止渴的功效。

厨房小知识

干净、干爽的食品保鲜袋平放在干爽的餐盘内，上面顺序摆放包好的抄手，放入冷冻室30分钟，取出餐盘，轻轻抖动保鲜袋，抄手就自然散置于餐盘，再用保鲜袋装好抄手束口，放在冷冻室备用。

牛肉雪里蕻抄手

主料：

牛肉、雪里蕻、抄手皮。

调料：

● 盐、味精、白糖、香油各适量。

制作方法：

1. 牛肉洗净剁成末，雪里蕻切碎；牛肉、雪里蕻加盐、味精、白糖、香油拌匀成馅料。
2. 将馅料放入抄手皮，取一角向对边折起，呈三角形状，将边缘捏紧。
3. 沸水锅中放入抄手，盖上锅盖煮 3 分钟即可。

操作要领：

抄手下锅后不宜煮太久，开水下锅煮至浮面后再等 2 分钟即可。

营养特点

雪里蕻含蛋白质、脂肪、糖、灰分、钙磷铁、胡萝卜素、硫胺素、核黄素、尼克酸、维生素 C 等。

龙抄手

主料：

抄手皮、猪腿肉。

调料：

● 盐、胡椒、味精、料酒、香油、姜汁、鸡蛋、凉鸡汁、原汤、葱花各适量。

制作方法：

1. 猪腿肉剁成茸，放入盆内加入盐、姜汁搅拌至上劲成糊状，再逐次加入凉鸡汁进行抽掸，最后加入鸡蛋、味精、胡椒面、香油搅拌均匀成馅料。
2. 取抄手皮包裹馅料，逐一将其制完。
3. 用盐、味精、胡椒、清汤分别放入碗内调好味。抄手放入沸水锅内煮至表面有皱纹时捞起，沥干水汽，装入碗中，撒上葱花即可。

操作要领：

抄手下锅煮制时，火力不可过大，以保持汤微沸为好。

营养特点

适宜于青少年和老年人食用。

竹胎抄手

主料：
水发竹胎、猪肉馅抄手。

调料：
● 鲜汤、酱油、红油、葱花、味精各适量。

制作方法：
1. 鲜汤放入竹胎煮入味待用。
2. 抄手煮熟放入竹胎汤，放酱油、味精、红油调味，最后撒上葱花即成。

操作要领：
在煮抄手时应掌握火候，竹胎应先氽煮以除去异味。

营养特点
竹胎富含谷氨酸，有降血压、降血脂、止咳化痰的功效；面粉、猪肉都含有蛋白质、脂肪、矿物质、碳水化合物等，营养非常全面。

酸菜汤饺

主料：
冬笋、酸菜、午餐肉、虾仁、精瘦肉、特级面粉、肥膘肉。

调料：
● 盐、姜葱各适量。

制作方法：
1. 面粉加入水和盐拌和均匀，揉制成团后用湿布遮盖饧制。
2. 将猪肥膘肉、精瘦肉、虾仁打茸，加姜、葱、盐等制成馅心。
3. 面皮包馅，下入锅中，煮熟后装碗。
4. 最后灌入午餐肉、冬笋、酸菜片等特别熬制的汤汁或菜。

操作要领：
煮饺子时一定要用沸水。

营养特点
酸菜味道咸酸，口感脆嫩，色泽鲜亮，香味扑鼻，开胃提神，醒酒去腻，不但能增进食欲、帮助消化，还可以促进人体对铁元素的吸收。

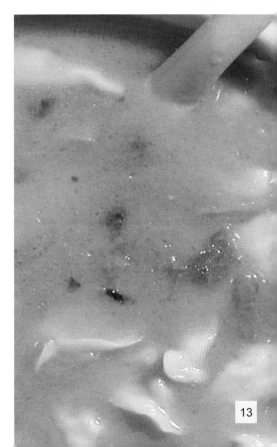

红油抄手

主料:
抄手皮、肉末。

调料:
● 红油、盐、姜末、葱末各适量。

制作方法:
1. 姜末、葱末与肉末、盐拌成肉馅。
2. 取肉馅放于抄手皮中,将皮折叠成三角形,捏紧,馅朝上翻卷,两手将饺皮向内压紧,逐个包好。
3. 锅中加水烧开,放入抄手,煮至抄手浮起时捞出,加入红油即可。

操作要领:
不要冷水下抄手,一定要等水开后再将抄手下入。

营养特点
猪肉性平味甘,有润肠胃、生津液、补肾气、解热毒的功效,主治热病伤津、消渴羸瘦、肾虚体弱、产后血虚、燥咳、便秘,可补虚、滋阴、润燥、滋肝阴、润肌肤、利小便和止消渴。

厨房小知识
如果想让肉馅熟得快些,可以在水里加些醋。

韭菜猪肉抄手

主料：
韭菜、抄手皮、猪肉末。

调料：
● 盐、白糖、香油各适量。

制作方法：
1. 韭菜洗净切粒。
2. 韭菜粒、猪肉末加调味料拌匀。
3. 将馅料放入抄手皮中央。
4. 取抄手皮一角，向对边折起。
5. 折成三角形状。
6. 将抄手边缘捏紧即成。
7. 锅中注水烧开，放入包好的抄手。
8. 盖上锅盖煮 3 分钟即可。

操作要领：
抄手馅料猪肉肥瘦比例为 4：6，肉太瘦影响口感，太肥则过于油腻。

营养特点
韭菜性温，味辛，具有补肾起阳的作用，故可用于治疗阳痿、遗精、早泄等病症。

厨房小知识
做肉馅时如果需要加姜，姜一定要去皮，不然吃起来会带苦味。

蘑菇抄手

主料：

鲜肉馅、蘑菇。

调料：

● 盐、味精、食用油、葱各适量。

制作方法：

1.将蘑菇用水洗净,汆烫后捞起; 葱切花。

2.将已冷却的蘑菇切粒,加入葱花及盐、味精、食用油,与肉馅拌匀。

3.取一抄手皮,内放适量蘑菇肉馅,再将抄手皮对折。

4.从两端向中间弯拢后,下入沸水中煮熟即可食用。

操作要领：

刚包好的抄手皮上撒一些面粉可防止面皮粘连。

营养特点

蘑菇的有效成分可增强 T 淋巴细胞功能,从而提高机体抵御各种疾病的免疫力。

芹菜牛肉抄手

主料：

抄手皮、牛肉、芹菜。

调料：

● 盐、姜、葱各适量。

制作方法：

1.芹菜、牛肉切末后,放入盐、姜、葱,按顺时针方向拌匀成馅料。

2.取适量肉馅放于抄手皮中央,用手对折捏紧,逐个包好。

3.锅中加水烧开,放入生抄手,大火煮至浮起时,再加水煮至抄手浮起即可。

操作要领：

拿起抄手皮,把馅儿放在面皮中间,对折成三角形,再把左右两角往中间叠起捏好。

营养特点

牛肉有补中益气、滋养脾胃、强健筋骨、化痰息风、止渴止涎之功效,适宜于中气下隐、气短体虚、筋骨酸软、贫血久病及面黄目眩之人食用。

羊肉抄手

主料：
羊肉片、抄手皮。

调料：
● 食盐、白糖、香油、葱各适量。

制作方法：
1. 羊肉片剁碎，葱择洗净切花。
2. 羊肉加葱花，调入调味料拌匀。
3. 将拌好的馅料放入抄手皮。
4. 将皮慢慢折起，使四周向中央靠拢。
5. 直至看不见馅料，再将抄手皮捏紧。
6. 拉长头部，使底部呈圆形。
7. 锅中注水烧开，放入包好的抄手。
8. 盖上锅盖煮 3 分钟即可。

操作要领：
煮抄手的时候要先用大火，待抄手飘起来后再用小火煮两三分钟。

营养特点
羊肉含左旋肉碱，可促进脂肪代谢，有利于减肥。

鱿鱼抄手

主料：
去皮马蹄粒、去皮鱿鱼肉、抄手皮。

调料：
● 食盐、白糖、香油各适量。

制作方法：
1. 去皮的鱿鱼肉剁碎，马蹄粒剁碎。
2. 装碗，馅料中调入所有调味料，拌匀。
3. 将拌好的馅料放入抄手皮。
4. 一手托抄手皮，将边缘向中间靠拢。
5. 将皮慢慢折起，使边缘紧靠在一起。
6. 再将抄手皮捏至底部呈圆形即可。
7. 锅中注水烧开，放入包好的抄手。
8. 盖上锅盖煮 3 分钟即可。

操作要领：
拌馅料的时候适当加水，加一点点拌匀后看肉馅情况再加，直至肉馅有点稀，比较润泽。

营养特点
鱿鱼富含钙、磷、铁元素，利于骨骼发育和造血，能有效治疗贫血。

鲜虾抄手

主料：
鲜虾仁、韭黄、抄手皮。

调料：
● 盐、味精、白糖、香油各适量。

制作方法：
1. 鲜虾仁洗净，剖成两半，韭黄切粒。
2. 虾仁加入韭黄粒，调入调味料拌匀。
3. 将拌好的馅料放入抄手皮。
4. 将皮慢慢折起，使四周向中央靠拢。
5. 直至看不见馅料，再将抄手皮捏紧。
6. 拉长头部，使底部呈圆形。
7. 锅中注水烧开，放入包好的抄手。
8. 盖上锅盖煮 3 分钟即可。

操作要领：
清理鲜虾时记得去除虾线。

营养特点：

虾中富含维生素 A，可保护眼睛，还有维生素 B 群，能消除疲劳，增强体力。另外，还含有牛磺酸，能降低胆固醇，并可保护心血管系统，防止动脉硬化。

厨房小知识

剩下的抄手馅可以在里面加入一个鸡蛋、一勺面，拌匀，再加一点点盐，平底锅烧热抹油，倒进去抹平，做成煎饼即可。

赖汤圆

主料：

汤圆、醪糟。

调料：

● 白糖、干桂花、枸杞。

制作方法：

1. 备好电饭锅，倒入汤圆，注入适量清水至没过食材，盖上锅盖，调至"蒸煮"状态，定时为 20 分钟，煮至汤圆熟软。

2. 待 20 分钟后，按下"取消"键，打开锅盖，加入醪糟、枸杞、干桂花、白糖，拌匀。

3. 盖上盖，调至"蒸煮"状态，定时为 10 分钟，煮至食材入味。

4. 待 10 分钟后，按下"取消"键，将煮好的汤圆盛出，装入碗中即可。

操作要领：

当醪糟煮好后，碗中的醪糟散发出冲鼻的酸味，解决的办法是制作醪糟时发酵时间不宜过长，煮时待汤圆将熟再下醪糟、白糖即可入食。

营养特点：

汤圆粉含蛋白质、脂肪、淀粉、钙、磷、铁、核黄素等成分。

厨房小知识

汤圆下锅后有时会粘在锅底浮不起来，要注意当汤圆下锅时，锅内的水一定要沸，下汤圆后马上用勺子推动水。

桂花醪糟小圆子

主料:

糖桂花、醪糟、糯米粉。

调料:

● 白糖适量。

制作方法:

1.糯米粉揉成面团后,搓成细长条,用刀切成豆粒状,撒上干粉。

2.锅加适量的热水烧开,放入小圆子,待小圆子熟后,加白糖、醪糟、桂花,再勾上薄芡即成。

操作要领:

醪糟应在小圆子煮熟时放入锅内,烧沸即可。

营养特点

该品是一款既营养又美味的佳品,有补气血、助消化等功效。

四喜汤圆

主料:

糯米粉、黏米粉、猪油、黑芝麻馅、蜜玫瑰馅、白芝麻馅、肉馅。

调料:

● 菠萝汁、橙汁、胡萝卜汁各适量。

制作方法:

1.取糯米粉、黏米粉、猪油适量分成四份,分别加入菠萝汁、橙汁、胡萝卜汁,制成四种颜色的粉面。

2.分别取四种粉团适量包入四种馅心,待用。

3.将四种不同颜色的汤圆入沸水中煮熟,捞入小碗中即成。

操作要领:

粉团加不同颜色的菜汁后,一定要和匀,以免影响汤圆的外观。一定要等水烧沸后再下汤圆,以免粘锅。

营养特点

该小吃有润肠通便、滋补肝肾等功效。

雨花石汤圆

主料:

汤圆粉。

调料:

● 可可粉、白糖各适量。

制作方法:

1. 盆中放入汤圆粉、白糖,掺入清水和成面团后,再分一半加入可可粉和匀成面团。

2. 将两种面揉合一起,出剂子后搓成形,放入沸水中煮至浮起水面,起锅装入碗中即可。

操作要领:

汤圆粉团不能和得过软或过硬。

营养特点

本品含糖分及多种矿物质,营养丰富,香味醇香,既是美味食品又是滋补佳品。

黑芝麻汤圆

主料:

水磨汤圆粉。

调料:

● 黑芝麻、白糖、熟猪油、清水各适量。

制作方法:

1. 黑芝麻洗净后炒香,加入熟猪油,用绞肉机绞茸,再加入白糖拌匀,制成黑芝麻馅。

2. 将汤圆粉用开水稍烫再掰成小团,包入黑芝麻糖馅,搓成圆球形,放入开水锅内煮熟即成。

操作要领:

在揉面揉出条时可用少许糯米粉作底粉防止粘手。

营养特点

成品具有补肺益脾、滋补肝肾、润肠通便的功效。

雷沙汤圆

主料：
糯米粉、澄粉、碎熟花生、芝麻、豆沙。

调料：
● 白糖适量。

制作方法：
1. 糯米粉、澄粉混合，加入清水、白糖揉成面团。
2. 面团出剂子后包入豆沙，用沸水煮熟捞出，沾上熟碎花生、芝麻，装盘即可。

操作要领：
面团要干稀适度；汤圆下锅煮至浮起后1分钟即可。

厨房小知识

搓好的汤圆放在湿纱布上，若放在案板上或盘子上，汤圆易粘在上面，取时易烂。

菠菜担担面

主料：
猪肉、芽菜、面粉、鸡蛋。

调料：
● 菠菜汁、盐、酱油、胡椒、料酒、醋、红油辣椒、味精、葱花、色拉油。

制作方法：
1. 猪肉洗净，剁成碎末，用色拉油炒散，下入料酒、盐、胡椒炒干水气，加少许的酱油上色，待色泽金黄时打起。面粉入盆，加入菠菜汁、盐、清水、鸡蛋和匀制成面团，然后用压面机压制成面条。
2. 盐、酱油、味精、红油辣椒、芽菜、醋、葱花、鲜汤加入面碗混合匀。
3. 面条入沸水锅中，煮至熟后，捞起沥尽水，装入碗中，撒上炒好的面臊和葱花即可。

拌荞面

主料：
荞面。

调料：
● 精盐、味精、香油、生抽、醋、辣椒油、香辣酱、胡萝卜丝、葱花各适量。

制作方法：
1. 荞面用沸水泡制好，装入盘中。
2. 用精盐、味精、香油、生抽、醋、辣椒油、香辣酱调成味汁，浇于荞面上，撒上胡萝卜丝、葱花即可。

操作要领：
荞面发制软硬要合适；调味汁时要注意突出酸辣味。

营养特点
荞麦中含有较多的矿物质，特别是磷、铁和镁，这些物质可以维持人体心血管系统和造血系统的正常功能。

清波担担面

主料：
青波手工面、猪肉末。

调料：
● 鲜汤、葱花、精盐、味精、鸡精、香油、红酱油、醋、辣椒油、白芝麻、精炼油各适量。

制作方法：
1. 锅中加入少许精炼油烧热，下入猪肉末炒干水汽，调入精盐、味精、鸡精炒成肉绍。
2. 锅中加入清水烧沸，下入面条煮熟，挑入调有鲜汤、精盐、味精、鸡精、香油、红酱油、醋、辣椒油的碗中，舀上肉绍，撒上葱花、白芝麻即可。

操作要领：
肉绍一定要炒香。面要用沸水煮熟。

厨房小知识
炒好的肉绍起锅后要沥尽油，否则肉绍不酥。

鲍汁干捞面

主料：
罐头鲍鱼、菜心、面条、韭黄段。

调料：
● 鲍汁、蚝油、盐、白糖、味精、鸡精、色拉油各适量。

制作方法：
1.罐头鲍鱼切丝，加入鲜汤浸泡。菜心入沸水锅中焯一水至断生打起。
2.面条入沸水锅煮至熟，捞起同韭黄段装入碗中，放入调料拌匀，最后放上鲍鱼丝、菜心即成。

操作要领：
面条不可煮得过熟软，以断生为好。

营养特点
鲍汁捞面采用鲍鱼之精华，醇厚鲜香，营养均衡。

厨房小知识
挑面起锅前，加少许冷水，这样面条更加滑爽。

担担面

主料：
鲜细面条、猪后腿肉。

调料：
● 四川碎芽菜、葱末、姜末、蒜末、生抽、料酒、红油、花椒油、老抽、胡椒粉、陈醋、香油、盐各适量。

制作方法：
1.葱、姜、蒜、辣椒碎全部准备好，肉剁碎。
2.锅中放油烧至六成热，放入姜末、蒜末炒香，倒入猪肉碎，加料酒、生抽、芽菜炒入味。
3.老抽、花椒油、红油、盐、香油、陈醋、胡椒粉、葱花兑成酱汁。
4.锅烧开水，放入面条煮成九分熟后捞出，放入兑好酱汁的碗里，加入肉末芽菜拌匀即可。

操作要领：
肉末炒制要多油重味，确保肉香入味。

营养特点

担担面面条细薄，卤汁酥香，咸鲜微辣，香气扑鼻，可以促进食欲，令人胃口大开。

厨房小知识

芽菜需要用水洗净后挤干水分，但清洗芽菜切忌久泡，否则芽菜失了盐味也就失去了其应有的鲜味。

方笋牛肉面

主料:

牛肉、方笋。

调料:

● 水面、香料(山奈、八角、桂皮、香叶、草果、熟豆瓣)、葱花、香菜、精盐、味精、鸡精、醋、酱油、香油、花椒油、辣椒油各适量。

制作方法:

1. 方笋加入开水发胀,洗净切成小段;牛肉汆水洗净,切成小块。
2. 锅中加入精炼油烧热,下入香料、精盐、味精、鸡精炒香,加水熬出味,再倒入牛肉块、方笋段,用小火煨熟。
3. 碗中舀鲜汤,调入醋、酱油、香油、花椒油、辣椒油,撒上葱花。面条用沸水煮熟,装碗,舀入烧熟的方笋牛肉。

操作要领:

煨牛肉时,时间不宜太长。

牛肉达达面

主料:

宽面、牛肉。

调料:

● 红泡椒、味精、鸡精、红辣椒油、熟白芝麻、香油、精炼油各适量。

制作方法:

1. 锅中加入精炼油烧热,下入牛肉块炒干水汽,调入精盐即成绍子。
2. 碗中调入味精、鸡精、红辣椒油、熟白芝麻、香油,加入鲜汤。
3. 宽面下入沸水中煮熟,捞入碗里,舀上炒好的牛肉绍子,加上红泡椒做点缀即可。

操作要领:

煮面时,火要大,水要多。

▶ 厨房小知识 ◀

面条的主要营养成分有蛋白质、脂肪、碳水化合物等。面条易于消化吸收,有改善贫血、增强免疫力、平衡营养吸收等功效。

翡翠刀削面

主料：
精粉、清水、鸡蛋、菠菜、木耳、胡萝卜、虾条。

调料：
● 淀粉、精盐、味精、胡椒粉、葱、高汤、色拉油各适量。

制作方法：
1. 木耳用水泡开；胡萝卜洗净切丁；虾粉蒸熟切条；葱切碎待用。
2. 锅内放油烧热，投入萝卜丁、葱花煸香，放入木耳、虾条，加高汤，撒味精、胡椒粉、盐制成卤汤。
3. 菠菜去老根、黄叶，洗净切碎，用布挤压成汁，和入精粉内，磕入鸡蛋，加少许盐，揉成绿色面团。
4. 锅内倒清水煮沸，用手托起面团，用特制的刀将面削入锅中，煮熟捞出，调入木耳卤汤即成。

风味冷面

主料：
面条、卤牛肉、苹果、黄瓜、萝卜干、熟鸡蛋。

调料：
● 香辣酱、盐、胡椒、味精、鸡精、鲜汤各适量。

制作方法：
1. 面条入锅煮熟晾凉入盆；卤牛肉切片；黄瓜切丝。
2. 鲜汤晾凉，加入盐、胡椒、味精、鸡精调匀。
3. 将调好的汤汁淋于面条上，再摆上卤牛肉、苹果片、黄瓜丝、鸡蛋、萝卜干、香辣酱即可。

操作要领：
汤汁一定要宽，以免面条成团打不散。

营养特点
面条富含铜，铜是人体健康不可缺少的微量营养素。

回锅肉炒拉面

主料：

猪五花肉、蒜苗、拉面。

调料：

● 豆瓣、味精、白糖、老干妈豆豉、精炼油各适量。

制作方法：

1. 猪五花肉煮熟，切成片待用；蒜苗洗净，切成段；拉面煮熟。

2. 锅中放入精炼油烧热，下豆瓣、老干妈豆豉炒香，加入肉片炒至起"灯盏窝"后，再加入蒜苗、拉面、味精、白糖炒匀，起锅装盘即可。

操作要领：

煮猪肉时间不要太久，断生即可；拉面不要煮得太熟软。

厨房小知识

炒面所需的面条不可煮太软。

鸡丝凉面

主料：

细圆条面、熟鸡肉丝、绿豆芽、红椒。

调料：

● 芝麻酱、花椒面、蒜泥、盐、醋、味精、白糖、葱花、香油、复制红酱油、熟芝麻、熟菜油、红油辣椒。

制作方法：

1. 面条放入沸水锅中煮至断生，捞起，沥干水气，薄薄地铺在案板上，用风扇吹至冷，待表面发亮收汗时，用少许的色拉油拌匀，使表面光滑；红椒切成丝。

2. 蒜泥、盐、复制红酱油、白糖、醋、味精、花椒面、芝麻酱入碗调制成味汁；绿豆芽入沸水锅中氽一水至断生，打起漂凉；取适量绿豆芽放入碗内，再装入凉面。

3. 将调好的味汁取适量浇于凉面上，最后撒上鸡肉丝、葱花、熟芝麻、红椒丝即可。

鸡汤面

主料：
水面。

调料：
● 鸡汤、精盐、味精、葱花、化猪油、鸡油各适量。

制作方法：
1. 碗中加入鸡汤、精盐、味精、化猪油、鸡油，兑成味汁。
2. 锅中加入清水烧沸，下入水面煮至断生时捞入碗中，撒上葱花，配味汁食用即可。

操作要领：
煮面时，清水要多，火力要大。

营养特点

鸡汤中蛋白质的含量较高，氨基酸种类多，而且消化率高，很容易被人体吸收利用，有增强体力、强壮身体的作用。

京酱笋丁拌面

主料：
面酱、冬笋丁、水面、五花肉粒。

调料：
● 香葱、味精、精盐、精炼油各适量。

制作方法：
1. 五花肉粒入油锅炒香，加入笋丁同炒，最后放面酱炒香。
2. 水面入锅中煮熟，捞出沥干水分，放入炒香的酱料拌匀，撒上香葱末即成。

操作要领：
应掌握好酱与料的比例，以免影响口味。

营养特点

京酱中有益微生物较多，对增强免疫力有独到之处。

客家肚丝拌凉面

主料：

细面条、猪肚、绿豆芽、黄瓜丝、大头菜粒。

调料：

● 花生碎、姜、八角、山奈、白蔻、大蒜、葱花、红椒粒、蒜泥、姜泥、花生酱、白糖、盐、酱油、保宁醋、红油、香油、生清油、花椒面各适量。

操作要领：

煮面的水要多加。

营养特点

凉面主要含有蛋白质、脂肪、碳水化合物等营养元素。

厨房小知识

摊开凉面，可以让面条快速降温，且凉后不会发黏。

制作方法：

1. 猪肚洗净，放入锅中，加入盐、姜、清水、八角、山奈、白蔻、大蒜，用小火卤至肚熟时捞起，晾干水分，切丝备用。

2. 鲜细面开水下锅，煮至七成熟，用凉水冲冷捞起，滴干水分，放入生清油拌匀，即成凉面。

3. 将绿豆芽氽水冲凉，捞出后和黄瓜丝一起放入盘底，再放入凉面、肚丝，加入大头菜粒、花生碎、葱花、红椒粒、蒜泥、姜泥、花生酱、白糖、盐、酱油、保宁醋、红油、香油、花椒面即可。

鸡子面块

主料：

菜心、羊肉、面粉、鸡蛋。

调料：

● 鸡汤、生姜、色拉油、盐、白糖、鸡精粉、麻油各适量。

制作方法：

1.在面粉中放入鸡蛋，与温水和成面团；羊肉用开水煮熟，切成片，生姜去皮切丝；菜心洗净。

2.锅内加水，待水开时，将面团切成块，逐片下入锅内，用中火煮至浮起，再下入菜心煮片刻，捞起盛入碗内。

3.另烧锅下油，放入姜丝，加入鸡汤、羊肉片，调入盐、白糖、鸡精粉烧开，淋入麻油，冲入面块内即成。

操作要领：

面块以洁白为佳，羊肉要煮透，汤要清香。

营养特点

菜心含丰富的维生素，能滋润皮肤、防治面部皱纹，对面部皮肤粗糙、皱纹较多的女性有明显的改善作用。

厨房小知识

用手指粘一点面粉，轻轻按一下面团，指印处不会立刻回复，也不会跟泄气的皮球一样慢慢塌陷，就说明发酵得刚刚好。

倒拐香大刀面

主料：
精制宽面、面绍。

调料：
● 葱花、精盐、味精、鸡精、香油、老抽、醋、辣椒油各适量。

制作方法：
1.碗中调入精盐、味精、鸡精、香油、老抽、醋，舀入鲜汤。
2.锅中加入清水烧沸，放入宽面煮熟，捞入碗中，放上面绍，撒上葱花，舀入红辣椒油即可。

操作要领：
锅中加入清水要多；宽面不可煮得太熟。

厨房小知识
面煮好后，捞起放入凉水中浸泡可以防止面坨。

肥肠面

主料：
手工面、肥肠（烧熟）。

调料：
● 精盐、味精、香油、辣椒油、熟白芝麻、葱花、鲜汤各适量。

制作方法：
1.碗中调入精盐、味精、香油、辣椒油，舀入鲜汤。
2.锅中加入清水烧沸，下入面条煮熟捞入碗中，舀上烧好的肥肠，撒上芝麻、葱花即可。

操作要领：
煮面时间不宜太长。

营养特点
猪大肠有润燥、补虚、止渴止血之功效，可用于治疗虚弱口渴、脱肛、痔疮、便血、便秘等症。

五鲜炒乌冬面

主料：

豌豆荚、乌冬面、猪肉丝、鲜香菇、豆皮、熟咸鸭蛋（微咸）。

调料：

● 葱花、蒜末、高汤、精盐、酱油、植物油各适量。

制作方法：

1.香菇洗净切小条；豆皮切小条；豌豆荚摘除头尾后切小段；鸭蛋去皮后切成丁；乌冬面切成段。

2.炒锅下油烧热，爆香葱花、蒜末，加入猪肉丝翻炒片刻，再放入香菇、豆皮和豌豆荚，拌炒至猪肉变白香味浓郁时，加入乌冬面、高汤、鸭蛋丁、精盐与酱油，拌炒至汤汁收干时装盘。

营养特点

乌冬面可提供热量和植物蛋白，添加营养丰富的豆类、肉类和蔬菜，使营养更加完备。

竹荪金丝面

主料：

鸡蛋黄、面粉、水发竹荪。

调料：

● 鸡汤、精盐、味精、胡椒粉各适量。

制作方法：

1.用面粉、鸡蛋黄、盐揉成面团，再擀切成细丝待用；水发竹荪切丝，汆去异味，放入鸡汤内调好口味待用。

2.将金丝面入沸水内煮熟，捞于碗内，浇上竹荪鸡汤即成。

操作要领：

面丝应切均匀；竹荪应汆去异味。

营养特点

鸡蛋是众所周知的营养食品，在饮食中占有重要地位，富含蛋白质、脑磷脂。此菜汤营养丰富，易消化吸收，老幼皆宜。

排骨面

主料：
猪排骨、水面。

调料：
● 香料（山奈、八角、桂皮、香叶、草果）、香葱、精盐、味精、鸡精、醋、酱油、香油、花椒油、辣椒油、精炼油各适量。

制作方法：
1. 猪排骨洗净，用刀斩成约1厘米的小段。
2. 锅中加入精炼油烧热，下入香料、香葱、精盐、味精、鸡精炒香，加水熬出味，再倒入猪排，用小火煨熟。
3. 碗中舀鲜汤，调入醋、酱油、香油、花椒油、辣椒油，撒上葱花。面条用沸水煮熟，挑到碗中，舀入烧熟的排骨即可。

操作要领：
煨排骨时火不要太大，时间不宜太长，以免排骨煨烂。

营养特点

排骨味甘、咸，性平，入脾、胃、肾经，可补肾养血、滋阴润燥。

青菜猪肝面

主料：
全蛋面、猪肝、菜心。

调料：
● 植物油、高汤、姜丝、香油、鸡精、淀粉、精盐各适量。

制作方法：
1. 猪肝洗净切薄片，用姜丝、香油、淀粉和鸡精腌10分钟；菜心洗净。
2. 水烧开，将面煮熟，捞起过冷水，盛在碗里。
3. 起油锅，煸炒猪肝片，刚熟即铲起放在面上。
4. 高汤煮沸，放入菜心，加点精盐调味，菜心熟后连汤一起倒进面碗里即成。

操作要领：
买回来的鲜肝不要急于烹调，应把猪肝冲洗10分钟，然后放在水中浸泡30分钟。

西红柿碎面

主料：
细挂面（鸡蛋或蔬菜味）、鲜西红柿。

调料：
● 上汤（鸡肉汤、鱼肉汤、猪骨汤等）、精盐各适量。

制作方法：
1. 把细挂面剪成小碎段末备用；西红柿用开水烫一下，去皮后切碎。
2. 锅内加入上汤上火烧开，放入挂面煮软，加入西红柿，煮至面条软熟，用一点精盐调味即可。

营养特点

西红柿中的维生素C，有生津止渴、健胃消食、凉血平肝、清热解毒、降低血压之功效，对高血压、肾脏病人有良好的辅助治疗作用。多吃西红柿还具有抗衰老作用，使皮肤保持白皙。

肉丝面

主料：
龙须面、猪里脊肉、鲜虾仁、青菜末。

调料：
● 葱花、酱油、精盐、植物油各适量。

制作方法：
1. 锅内加适量清水上火烧沸，放入龙须面并加少许精盐，待面煮熟后捞出过凉，将面捣成小段并沥干水分。
2. 猪肉和鲜虾仁处理干净后均切成碎末。
3. 炒锅下油烧热，放入葱花、肉末翻炒片刻，滴入少许酱油续炒入味，加入适量清水，将肉末煮熟。
4. 再加入碎虾仁、青菜末、面条段，待煮沸后再调入少许精盐，稍煮即成。

营养特点

添加切碎的肉、虾、青菜等以增加口味和平衡营养。

营养肉酱面

主料:

面条、猪瘦肉末、白豆腐干、黄瓜丝、胡萝卜丝、鸡蛋。

调料:

● 红葱头、蒜末、精盐、酱油、白糖、高汤、植物油各适量。

制作方法:

1.豆腐干切成小丁；红葱头洗净切末；面条用适量水煮熟，用凉开水过凉，剪短成段，装碗备用；鸡蛋打匀后摊成蛋饼，待冷却后切成丝；黄瓜丝、胡萝卜丝分别用开水焯透，沥干水分。

2.起油锅烧热，爆香葱末、蒜末，放入肉末、豆腐干拌炒至出香味，加入酱油、白糖、精盐、高汤，炒至汤汁收干入味时装碗，酌量盛于面条上，放上鸡蛋丝、黄瓜丝、胡萝卜丝，拌匀食用。

操作要领:

炒制中注意火候，切忌猛火快炒煳锅。

营养特点

以多类美味营养食物组合，非常适合幼儿的口味，含有蛋白质、维生素 A、维生素 D、B 族维生素和钙、铁、磷等多种矿物质，作为主食十分有益于幼儿全面发育。

厨房小知识

熬高汤时水一定要一次加够，熬制的时间也不能缩短，否则达不到大骨浓汤的效果。

麻辣臊子面

主料：

面条、猪肉末。

调料：

● 猪骨高汤、豆瓣酱、料酒、盐、鸡粉、生抽、辣椒油、花椒油、食用油、白芝麻、蒜末、香菜末各适量。

操作要领：

制作肉酱时，先用豆瓣酱爆香，这样做好的肉酱更具风味。

营养特点

臊子面易于消化吸收，有改善贫血、增强免疫力、平衡营养吸收等功效。

厨房小知识

炒豆瓣需要中火慢慢炒，这样才能让豆瓣的香味和色泽完全融合到油中。

制作方法：

1. 将洗净的香菜叶切碎，备用。

2. 用油起锅，倒入猪肉末，炒至变色。

3. 撒上蒜末，炒出香味，放入豆瓣酱，淋入料酒、辣椒油。

4. 用大火翻炒一会，撒上白芝麻，炒匀，至其散出香味。

5. 加入少许鸡粉、生抽，炒匀，至食材熟透。

6. 关火后盛出炒好的肉酱，装入盘中。

7. 锅中注入适量清水烧开，放入备好的面条。

8. 拌匀，用中火煮约3分钟，至面条熟透，关火后捞出，沥干水分。

9. 另起锅，倒入猪骨高汤，加入少许盐、3毫升生抽、鸡粉，拌匀。

10. 煮约1分钟，至汤汁沸腾，制成汤料。

11. 取一个汤碗，放入煮熟的面条，淋入适量辣椒油、花椒油。

12. 再盛入锅中的汤料，放入肉酱、香菜末，食用时拌匀即成。

香油拉面

主料：

精粉。

调料：

● 香油、香菜、芝麻、辣椒面、胡椒粉、大葱、精盐、熟猪油、酱油、香醋、菜籽油各适量。

制作方法：

1. 面粉加水和成面团，稍饧后在案板上揉匀，搓长条，双手提两端晃动，合拢后再晃。反复多次，然后揉团用面杖擀成大片，用刀切小条，抹上油，逐根拉细条，投入沸水锅中煮熟，捞出过凉水。

2. 将油放锅内用火烧至四成热，放入辣椒面、芝麻煸炒出香，制成香辣油。葱、香菜洗净切碎，碗内调入适量酱油、醋、盐、香辣油、胡椒粉、葱花、香菜拌匀，浇在面条上即成。

什锦拌面

主料：

油面、蜜汁叉烧肉、鲜虾、水发木耳、鲍菇、香菇、荷兰豆、黄瓜。

调料：

● 姜片、葱段、香醋、酱油、精盐、香油各适量。

制作方法：

1. 虾剥壳，去头尾，去泥肠，洗净备用；木耳、鲍菇、香菇洗净，和叉烧肉都切成片；荷兰豆洗净切段；黄瓜洗净斜切成小片。

2. 油面下入开水锅中焯透，捞起备用。

3. 锅内加入适量水煮开，加入葱段、姜片、木耳、鲍菇、香菇煮滚，再加入虾仁煮片刻，最后加入荷兰豆、油面，煮滚后加入黄瓜、调味料拌匀即可。

寿面

主料:
菠菜、鸡蛋、挂面。

调料:
● 高汤、精盐、味精、鸡油、葱花各适量。

制作方法:
1.将高汤调入精盐、味精、鸡油,调制好。
2.挂面煮好,装入调好味的高汤中。
3.将鸡蛋煎成蛋饼,放在挂面上,摆上焯熟的菠菜,撒上葱花即可。

操作要领:
煎蛋饼时,火要小,否则不易煎成形。

营养特点

鸡蛋是营养丰富的食品,含有蛋白质、脂肪、卵黄素、卵磷脂、维生素和铁、钙、钾等人体所需要的矿物质。

炸酱蔬菜面

主料:
鸡蛋清、精粉、菠菜、熟笋、五香豆腐干。

调料:
● 精盐、水淀粉、甜面酱、酱油、味精、葱、香菜、熟猪油、猪肉末各适量。

制作方法:
1.将菠菜去根洗净,切碎,用布压挤出汁,掺入面粉中,稍加盐,倒入蛋清,用手不断搅成穗子,加水反复揉搓,和成绿色面团,盖湿布饧一会儿,再用面杖擀制成面片,叠层切条,制成绿面条。将豆腐干与熟笋均切粒。
2.炒锅内放猪油烧热,投入猪肉末爆炒,下甜面酱,放入豆腐干、笋丁、酱油、味精、盐、水烧沸,下水淀粉推匀,盛入碗内,撒葱花、香菜,拌入煮熟的菠菜面中。

鸡丝荠菜面

主料：
荠菜面、鸡肉。

调料：
● 葱花、盐、红油各适量。

制作方法：
1.鸡肉洗净，入沸水中煮熟后，捞出沥干水分，待凉，撕成丝备用。
2.锅里加水烧开，加入盐，放入荠菜面煮至熟透后，捞出沥干，摆盘。
3.淋入红油，将鸡丝摆在面上，放入葱花即可。

操作要领：
鸡肉需要放凉后撕成鸡丝。

营养特点
鸡肉蛋白质含量较高，且易被人体吸收入利用，有增强体力，强壮身体的作用。此外，鸡肉还含有脂肪、钙、磷、铁、镁、钾、钠及维生素 A、B_1、B_2、C、E 和烟酸等成分。

厨房小知识
煮面条时若在水中加一汤匙菜油，面条不但不会粘连，且能防止面汤起泡沫、溢出锅。

荞面肚丝面

主料：
荞麦面、猪肚。

调料：
● 红椒、葱花、白芝麻、盐、酱油、红油、醋各适量。

制作方法：
1. 猪肚洗净切条；红椒去蒂、洗净切圈。
2. 热锅下油，入白芝麻炒香，放入猪肚炒至五成熟后，注水，放入荞麦面，加盐、酱油、红油、醋调味，煮至断生，盛碗，放入红椒、葱花即可。

操作要领：
多余的肚丝熟软后，也可以捞出凉拌。

营养特点
猪肚含有蛋白质、脂肪、碳水化合物、维生素及钙、磷、铁等，具有补虚损、健脾胃的功效，适用于气血虚损、身体瘦弱者食用。

厨房小知识
在下面条时适量加点醋进去，这样可除去面条的碱味，还可使面条变得更白。

红烧牛腩面

主料：
拉面、牛腩。

调料：
● 盐、牛骨汤、食用油、香菜、姜、葱各适量。

制作方法：
1. 香菜、葱、姜均切末；牛腩切丁。
2. 姜下锅炒香，加牛腩炒熟，再加盐炒匀；锅中水烧开，下入拉面。
3. 待拉面煮熟，将其捞入盛有牛骨汤的碗中，再将炒香的牛腩、香菜、葱加入拉面中即可。

操作要领：
可以加入山楂，使牛腩更容易软烂。

营养特点

牛腩提供高质量的蛋白质，含有全部种类的氨基酸，各种氨基酸的比例与人体蛋白质中各种氨基酸的比例基本一致，其中所含的肌氨酸比任何食物都高。

红烧牛肉面

主料：
碱水面、牛肉。

调料：
● 盐、酱油、豆瓣酱、鲜汤、食用油、红油、香料、香菜、葱花、蒜各适量。

制作方法：
1. 牛肉切块；蒜去皮切片。
2. 牛肉汆烫捞出。油烧热，爆香香料、豆瓣酱、蒜，加入牛肉炒香，调入鲜汤和剩余调料、香料，放入面条煮熟，撒香菜段和葱花即可。

操作要领：
牛肉放进冷水锅中，煮开，捞出冲洗干净血沫。

营养特点

牛肉有补中益气、滋养脾胃、强健筋骨、化痰息风、止渴止涎之功效。

鸡丝菠汁面

主料：

鸡肉、菠汁面。

调料：

● 盐、韭黄、味精、香油、胡椒粉、上汤、食用油各适量。

制作方法：

1. 鸡肉切丝；韭黄洗净切段。
2. 油锅放鸡肉丝、盐、味精、胡椒粉，加上汤煮入味，盛入碗中。
3. 沸水锅放入菠汁面，搅散煮熟，用漏勺捞出，沥干水分后放入盛有上汤的碗中，撒上韭黄，淋上香油即可。

操作要领：

汤不宜过浓或颜色过重，否则不能凸显面条的绿色。

营养特点

菠菜面含有丰富的钙、磷、铁等矿物质，维生素 B_1、B_2 的含量也特别高。

火腿鸡丝面

主料：

阳春面、鸡肉、韭菜花、火腿。

调料：

● 酱油、淀粉、柴鱼粉、盐、高汤、食用油各适量。

制作方法：

1. 火腿切丝；韭菜花切段。
2. 鸡肉切丝，加酱油、淀粉腌渍片刻。
3. 油锅中放入鸡肉、韭菜花、火腿，加入柴鱼粉、盐炒好。
4. 高汤烧开，将面条煮熟，加入炒好的材料即可。

操作要领：

煮鸡肉时大火烧开后转小火再焖，肉质才嫩。

营养特点

火腿肠具有吸收率高、适口性好、饱腹性强等优点，适合加工成多种佳肴。

老汤西红柿牛腩面

主料：
牛腩、西红柿、面条、油菜。

调料：
● 盐、鸡精、酱油、蒜泥、番茄酱、葱花各适量。

制作方法：

1. 牛腩切块汆水；西红柿切片；油菜与面条均煮熟。
2. 油锅放入蒜泥炒香，加牛腩、水、西红柿和番茄酱煮熟。
3. 放盐、鸡精、酱油，炒匀放在面条上，撒上葱花即可。

操作要领：
牛腩汆水时加入少许料酒，可去除肉腥味。

营养特点
西红柿含有对心血管具有保护作用的维生素和矿物质，能减少心脏病的发作。

厨房小知识
当煮挂面或者干切面的时候，注意水不要太开。等到面条下锅后，也应用中火煮。

酸汤面

主料：

面条。

调料：

● 盐、葱花、姜末、蒜末、泡菜汁、红油、醋各适量。

制作方法：

1.锅下油烧热，下姜末、蒜末爆香后，注水煮沸，放入面条煮约10分钟。

2.调入盐、醋、泡菜汁、红油，用筷子搅拌均匀，盛入碗中，撒上葱花。

操作要领：

红油的香味和辣味是通过辣椒品种和油温来调节的。若想吃特辣红油，可在炼油时多加朝天椒面；若喜欢吃香辣，可以多加二荆条辣椒面。

营养特点

醋食后可增加胃酸的浓度，生津开胃，增加食欲。

厨房小知识

有的时候会买到碱味很重的面，吃起来口感不好，在煮面的时候加入一点醋，可以中和碱的味道。

鳝鱼面

主料：

油面、鳝鱼肉、胡萝卜、洋葱、蒜苗、柴鱼片汤。

调料：

● 豆瓣酱、鸡粉、生抽、食用油、蒜末各适量。

制作方法：

1. 将洗净的洋葱切细丝；洗好的蒜苗切长段；洗净去皮的胡萝卜切薄片；洗好的鳝鱼肉切片。
2. 锅中注入清水烧开，放入油面，拌匀，用中火煮至熟透，关火后捞出面条。
3. 用油起锅，爆香蒜末，倒入鳝鱼片，炒香，放入蒜苗、洋葱、胡萝卜片、豆瓣酱，炒匀，注入柴鱼片汤，用大火煮沸，加入生抽、鸡粉，拌匀成汤料。
4. 取一个汤碗，放入面条，盛入汤料即可。

操作要领：

炒鳝鱼要大火才炒得嫩。

营养特点

黄鳝有补血、补气、消炎、消毒、除风湿等功效。

厨房小知识

当你煮面的时候，不小心还是将面条黏在了一起，可在面汤中加入一勺米酒，面团就会自己散开。

甜水面

主料：

高筋面粉。

调料：

● 白糖、生抽、陈醋、芝麻酱、辣椒油、花椒油、香油、盐、鸡粉、菜籽油、蒜末、葱花、黄豆粉各适量。

制作方法：

1. 取一个碗，倒入高筋面粉，加入盐、清水，混匀，和成面团，包上保鲜膜，饧 30 分钟。
2. 小碗中倒入黄豆粉、蒜末，加入盐、鸡粉、白糖、生抽、陈醋、芝麻酱、辣椒油、花椒油、香油，搅匀制成酱料。
3. 取出面团，擀成面皮，叠成几层，切成条，撒上面粉，放入沸水锅中，煮至熟软捞出。
4. 淋入菜籽油，快速搅拌均匀，浇上调好的酱料，撒上备好的葱花即可。

操作要领：

和面时，加入适量盐可以使面条绵韧、软度适度，多揉面可以使面条更筋道。

营养特点

面粉富含蛋白质、碳水化合物、维生素和钙、铁、磷、钾、镁等矿物质，有养心益肾、健脾厚肠、除热止渴的功效。

厨房小知识

煮面条时不要煮太久，刚断生即可，否则面条太软，口感就不筋道了。

家常炸酱面

主料：
碱水面、瘦肉。

调料：
● 盐、酱油、味精、白糖、甜面酱、红油、食用油、葱各适量。

制作方法：
1. 将瘦肉剁碎，葱切成花。
2. 将碎肉加甜面酱炒香至金黄色，盛碗备用；将除面、葱花外的其他调料一并倒入碗中，拌匀成炸酱。
3. 面下锅煮熟，盛入碗中，淋上炸酱，撒上葱花即可。

操作要领：
甜面酱中有盐味，盐可适量少加。

营养特点
面条易于消化吸收，有改善贫血、增强免疫力、平衡营养吸收等功效。

卤肉面

主料：
面、五花肉、卤蛋、包菜片、豆芽、玉米。

调料：
● 八角、葱花、调味油、白汤、调味粉、料酒、盐、酱油各适量。

制作方法：
1. 各材料洗净。
2. 沸水锅放盐、酱油、八角、料酒，加五花肉卤入味后取出切片；面煮熟装碗。
3. 白汤烧开，加调味油、调味粉搅匀，入面碗，铺上剩余材料即可。

操作要领：
卤肉时加水不用太多，没过五花肉 1~2 厘米即可。

营养特点
猪肉含有丰富的优质蛋白质和必需的脂肪酸，并提供血红素（有机铁）和促进铁吸收的半胱氨酸，能改善缺铁性贫血，具有补肾养血、滋阴润燥的功效。

牛肉炒面

主料：

牛肉、面条、洋葱、青椒、青蒜节、红椒圈。

调料：

● 盐、陈醋、料酒、食用油各适量。

制作方法：

1. 牛肉、青椒洗净切块；洋葱洗净切丝。
2. 面焯熟，捞出沥干水分。锅内放油烧热，下青椒丝、洋葱、青蒜节、红椒圈炒香，放入面条、牛肉炒匀。
3. 锅内加盐、陈醋、料酒炒匀，起锅装盘即可。

操作要领：

先在牛肉中下佐料，腌泡 20~30 分钟后再下锅，这样炒出来的牛肉金黄玉润、肉质细嫩、松软可口。

营养特点

牛肉能安胎补神，黄牛肉能安中益气、健脾养胃、强筋壮骨。

牛肉烩面

主料：

牛肉片、面、海带丝、豆腐皮丝、西红柿片。

调料：

● 盐、味精、胡椒粉、牛肉汤、香菇、葱花、香菜段各适量。

制作方法：

1. 面煮至七成熟捞出，冲凉水，然后沥干水分。
2. 锅内注入牛肉汤，放入除面、葱、香菜外的所有原材料，加入盐、味精、胡椒粉。
3. 将面条入锅，调味，放入葱、香菜即可。

操作要领：

牛肉最好买肋条肉。

厨房小知识

老牛肉不易炒烂，如在炒前先在牛肉上涂一层芥末，放置七八个小时后用冷水冲去芥末，然后再烹饪，那么牛肉就容易炒烂了。

蔬菜面

主料：

蔬菜面、胡萝卜、猪后腿肉、鸡蛋。

调料：

● 盐、高汤各适量。

制作方法：

1. 将猪后腿肉洗净，加盐稍腌，再入开水中烫熟，切片备用。

2. 胡萝卜洗净削皮切丝，与蔬菜面一起放入高汤中煮熟，再将鸡蛋打入，调入盐后放入切片猪后腿肉即可。

操作要领：

为了煮出的荷包蛋完整，可将鸡蛋壳磕破，将蛋液打到盛热水的碗里，静置1~2分钟，再把蛋加入锅中煮。

营养特点

面条不含胆固醇，是心脑血管病人的理想食品。

猪蹄细面

主料：

猪蹄、细面、青菜。

调料：

● 酱油、高汤、料酒、食用油、葱、姜各适量。

制作方法：

1. 猪蹄洗净，加葱、姜、料酒，用沸水汆烫，捞出。

2. 油锅爆香葱、姜，加猪蹄、酱油、料酒、清水，熬煮至熟软。

3. 另烧开半锅水，下细面煮熟，捞入碗中，加入煮好的高汤、猪蹄，并烫些青菜加入碗内即可。

操作要领：

猪蹄要从骨关节处切开，每个猪前蹄可分割成十一块。

营养特点

猪蹄中的胶原蛋白有助于预防皮肤过早褶皱，延缓皮肤衰老。

鲜蔬肉炒面

主料:

胡萝卜面条、绿豆芽、包菜、肉。

调料:

● 盐、食用油各适量。

制作方法:

1.胡萝卜面条放入沸水中煮熟，捞起沥干。

2.绿豆芽去根须和杂质，洗净沥干；包菜洗净切粗丝；肉洗净切丝。

3.炒锅加热下油，先下肉丝炒匀，再下包菜、豆芽拌炒，最后下面条炒匀，加盐即成。

操作要领:

面条下锅后要不停兜炒，面条均匀受热和被油包住，才会条条分明、色泽明亮。

营养特点

胡萝卜素是保持眼睛、皮肤及黏膜正常健康的物质。

豌豆肥肠面

主料:

面、肥肠、豌豆 。

调料:

● 盐、红油、上汤、蒜蓉、葱、姜各适量。

制作方法:

1.肥肠切块；豌豆洗净；葱洗净切花；姜切末。

2.豌豆、肥肠入锅中煮熟；葱、姜、蒜、盐放入碗中，加入上汤。

3.锅中注水烧开，放入面煮熟，捞出放入汤碗中，加入肥肠、豌豆，调入红油即可。

操作要领:

洗好的肥肠下入清水，中火余10分钟，捞出冲水，使肠子胀发饱满。

营养特点

煮面时捞起一根弄断看一下，没有干的白心就是熟了。

川香凉面

主料:

熟面条、绿豆芽。

调料:

● 生抽、芝麻油、鸡粉、白糖、陈醋、食用油、香菜、葱段、蒜末、老干妈辣椒酱、辣椒粉、花椒粒各适量。

制作方法:

1. 锅中注入适量的食用油,烧热。
2. 倒入花椒粒、蒜末、葱段、辣椒粉,炒匀,爆香。
3. 倒入洗净的绿豆芽,炒拌均匀。
4. 将绿豆芽盛入碗中,待用。
5. 取一个碗,倒入面条、炒好的绿豆芽,放入老干妈辣椒酱,搅拌。
6. 加入生抽、鸡粉、白糖、陈醋、芝麻油。
7. 充分搅拌均匀,至食材入味。
8. 将拌好的凉面盛入盘中,撒上香菜即可。

操作要领:

可以用花椒油代替花椒粒,味道浓郁且食用起来更方便。

营养特点

辣椒中含丰富的维生素 E、C,此外还含有只有辣椒才有的辣椒素,而在红色、黄色的辣椒、甜椒中,还有一种辣椒红素(capsanthin),这两种成分都只存在于辣椒中。

厨房小知识

煮面条时一定要加盐,加多少呢? 通常是 500 毫升水 15 克盐,再下面条,即便煮的时间再长,也不会糊。

燃面

主料：
碱水面、花生米、芽菜、肉末。

调料：
● 盐、鸡粉、生抽、料酒、水淀粉、芝麻油、辣椒油、食用油、葱花各适量。

操作要领：
花生米入锅后要不断翻动，以免炸煳。

营养特点
芽菜的营养价值较高，由于其生长期短、不需施肥、不需打药就能有很好的收成，基本都是无公害蔬菜。

厨房小知识
如果面条结成团，喷一点米酒，面条就会散开。

制作方法：
1.热锅注油，烧至四成热，倒入花生米，炸约1分30秒至其熟透，捞出花生米，沥干油，放凉。
2.把放凉的花生去除外衣，制成花生仁，放入杵臼中，捣成花生末，装入小碟。
3.锅中注入适量清水烧开，放入面条，加入盐，拌匀，煮至面条熟软。
4.捞出面条，沥干水分，装入碗中。
5.用油起锅，倒入肉末，炒至变色，加入生抽，炒匀，放入芽菜，炒香。
6.淋入料酒，炒匀，注入少许清水，拌匀，加入盐、鸡粉，炒匀调味。
7.用水淀粉勾芡，关火后盛入装有面条的碗中，撒上葱花、花生末，拌匀。
8.加入生抽、芝麻油、辣椒油，搅拌均匀，盛入另一个干净的碗中即可。

川味鸡杂面

主料:

面、鸡杂、包菜。

调料:

● 上汤、淀粉、酱油、盐、食用油、葱花、泡红椒、泡姜片各适量。

制作方法:

1. 鸡杂洗净切片;泡红椒切段;包菜洗净切片。

2. 鸡杂裹上淀粉,入油锅中爆炒,加包菜,调入其余用料制成汤料。面放入锅中煮熟。

3. 捞出面条,盛入装有上汤的碗内,加入烧好的汤料,撒上葱花即可。

操作要领:

鸡杂需反复用盐和醋洗净。

营养特点

中医认为鸡杂具有促进消化、健脾养胃、润肤养肌的功效。

厨房小知识

煮挂面锅中的水刚冒气泡时就放挂面,搅动几下后盖上锅盖,水开时放点凉水进锅,稍煮即可。这样煮挂面,熟得快而且不黏汤,比较好吃。

炖鸡面

主料：

鸡肉、面条、鸡汤料。

调料：

● 味精、盐、胡椒粉、葱、姜、香菜末。

制作方法：

1. 鸡肉洗净剁块；葱切段；姜切末。

2. 锅置火上，加清水，下入鸡块、胡椒粉、味精、盐、姜末烧开，小火炖制 30 分钟，盛出备用。

3. 将面下锅煮熟，盛入碗中，淋上炖好的鸡汤料，撒上葱段、香菜末即可。

操作要领：

将鸡肉切成一口大小，用热水充分浸泡，除去腥味，然后用水洗净沥干。

营养特点

鸡肉性平偏温，味甘，营养丰富，蛋白质含量高达 24.4%，比猪、牛、鹅肉的高 1/3 或 1 倍以上，而脂肪含量只有 1.2%，所以吃鸡肉可增强体质，又不会使人过度肥胖。

厨房小知识

断硬心后把面捞起来，立刻放进冷水中浸泡片刻，就是所谓的 " 过冷河 "，然后再把过完 " 冷河 " 的面放进热水中泡一下就行了，这样煮出来的面条爽口嫩滑。

麻辣宽粉

主料：
水发宽粉、猪肉末。

调料：
● 豆瓣酱、盐、鸡粉、料酒、生抽、辣椒油、食用油、蒜末、白芝麻、香菜叶、红烧牛肉汤各适量。

操作要领：
宽粉不宜煮太长时间，以免影响口感。

营养特点
宽粉主要成分是红薯淀粉，是粗粮制品，经常食用有利于营养均衡，增进肠道蠕动，有利于身体健康。

厨房小知识
泡宽粉时千万不要直接用开水去浸泡，因为是全干粉，这样会导致把粉条的表皮烫伤，导致表皮脱淀，里面还有硬心。

制作方法：
1.用油起锅，倒入备好的猪肉末，炒至变色。
2.撒上蒜末，炒出香味，放入豆瓣酱，淋入料酒、辣椒油。
3.用大火翻炒一会儿，撒上白芝麻，炒匀，至其散出香味。
4.加入少许鸡粉、生抽，炒匀，至食材熟透，关火后盛出炒好的肉酱，装入盘中。
5.锅中注入适量清水烧开，放入洗净的宽粉，拌匀。
6.用中火煮约3分钟，至其熟透，捞出，沥干水分，待用。
7.另起锅，注入备好的牛肉汤，用大火略煮。
8.加入生抽、鸡粉、盐，拌匀，煮至沸，制成汤料，待用。
9.取一个汤碗，放入煮熟的宽粉，盛入煮好的汤料。
10.再放入适量肉酱，点缀上香菜叶，食用时拌匀即可。

肥牛麻辣面

主料:
板面、牛肉卷、黄瓜。

调料:
● 辣椒酱、鸡粉、生抽、料酒、辣椒油、食用油、红椒、洋葱、红烧牛肉汤各适量。

操作要领:
此道面食辣味较重,食用时可以倒入少许醋,这样能中和辣味,改善口感。

营养特点
牛肉含有蛋白质、B族维生素、维生素E、钙、磷、铁、钾等营养成分,具有补中益气、滋养脾胃、强健筋骨、止渴止涎等功效。

厨房小知识
在下锅前先把面条掰开,煮熟后盖着锅盖焖5分钟,这样的面条比较滑,而且汤汁比较稠。

制作方法:
1. 将洗净的洋葱、黄瓜切成细丝;洗净的红椒切圈,备用。
2. 锅中注入适量清水烧开,倒入备好的板面,拌匀。
3. 用中火煮约4分钟,至面条熟透。
4. 关火后捞出面条,沥干水分,待用。
5. 用油起锅,倒入洋葱丝,炒香,放入牛肉卷,炒至变色。
6. 淋入料酒,翻炒均匀,加入辣椒酱,炒匀。
7. 用大火快速炒出香辣味,注入红烧牛肉汤,撒上红椒圈。
8. 拌匀,淋上辣椒油,放入少许鸡粉、生抽。
9. 拌匀调味,用中火略煮一会儿,制成汤料,待用。
10. 把煮熟的面条装入碗中,盛入锅中的汤料,点缀上黄瓜丝即成。

三鲜面疙瘩

主料：

面粉、菠菜、鸡肉、西红柿。

调料：

● 植物油、白醋、白糖、精盐各适量。

制作方法：

1. 菠菜择洗干净，焯水后沥干切成碎末；西红柿洗净后切丁，放入碗中倒入白醋、白糖、精盐拌匀；鸡肉洗净剁成蓉泥。

2. 面粉加适量温水揉成面团，加入菠菜末，继续揉至面团成光滑状，将面团摔打出筋，使之有弹性，捏取直径约1厘米的面团，再捏扁成面疙瘩，备用。

3. 锅下油烧热，将鸡肉泥下入炒香，加入适量水煮滚，入面疙瘩、西红柿和调料即可。

操作要领：

菠菜中草酸含量较高，不宜和豆腐等含钙高的食物同食，以免引起草酸钙结石。

虾仁生菜面团汤

主料：

面粉、鸡蛋清、鸡蛋黄、虾仁、生菜、高汤。

调料：

● 香菜、精盐、味精、香油各适量。

制作方法：

1. 将鸡蛋清与面粉和成面团，搓成小球。

2. 虾仁切成小片；香菜切末；生菜切末待用。

3. 将高汤倒入锅内，放入虾仁，开后放入面球。

4. 煮熟后淋入鸡蛋黄，加入香菜末和生菜末，放精盐和味精，滴入香油，盛入碗内即成。

操作要领：

精白面粉缺乏膳食纤维等营养成分，所以最好不要选择。

鸡汁牛肉米线

主料：
牛肉、米线、水发野菌。

调料：
● 葱节、姜片、香菜、野山椒、野山椒汁、盐、胡椒、料酒、白醋、味精、鸡鲜汤、色拉油、鸡油各适量。

制作方法：
1. 牛肉切成块，入沸水锅焯水至断生打起；野山椒切短节。
2. 锅内烧油至五成热，下入姜片、葱节、野山椒爆香，掺入鸡鲜汤，放入焯水后的牛肉，调入盐、胡椒、料酒、野山椒汁烧至七成熟。然后放入水发野菌烧入味，调入味精、白醋，淋入鸡油，制成鸡汁酸汤牛肉。
3. 米线入沸水锅烫过心，捞起入盘，淋上制好的鸡汁酸汤牛肉即可。

芋头米粉

主料：
芋头丁、桂林米粉。

调料：
● 大骨汤、芹菜末各适量。

制作方法：
1. 大骨汤煮滚后，加入芋头丁焖煮至软，再加入芹菜末，稍煮备用。
2. 桂林米粉用剪刀切成长约1厘米的小段，用滚水煮熟，捞起沥干水分，放入芋头大骨汤中拌匀即可。

操作要领：
可再加入一些碎菜或肉类，丰富营养的同时可让宝宝进一步锻炼咀嚼功能和适应各种食物。

营养特点
芋头中矿物质氟含量较高，有洁齿防龋、保护牙齿的作用，非常有利于宝宝的牙齿健康。

红油豆腐花

主料:

豆腐花。

调料:

● 盐、鸡粉、芝麻油、辣椒油、生抽、蒜末、葱花各适量。

制作方法:

1. 将准备好的豆腐花装入盘中。
2. 把蒜末和葱花倒入碗中，加入少许辣椒油。
3. 淋入适量芝麻油，加入适量盐、鸡粉，再加入少许生抽。
4. 用勺子将碗中的调味料拌匀。
5. 把拌好的调味料浇在豆腐花上即成。

操作要领:

豆腐花煮 10 分钟烫热即可。

营养特点

豆腐花除含蛋白质外，还可为人体生理活动提供多种维生素和矿物质，尤其是钙、磷等。如果用食用石膏作凝固剂，含钙量会有所增加，对防治软骨病及牙齿发育不良等疾病有一定功效。

厨房小知识

内酯豆腐和家里自己做的豆花嫩度相当，这样就免去了在家打豆浆、点豆花的麻烦。

香辣白凉粉

主料:

白凉粉。

调料:

● 盐、鸡粉、白糖、胡椒粉、生抽、花椒油、陈醋、芝麻油、辣椒油、蒜末、葱花各适量。

制作方法:

1. 将洗净的白凉粉切片,再切粗丝。

2. 取一小碗,撒上蒜末,加入盐、鸡粉、白糖,淋入生抽,撒上少许胡椒粉,注入适量芝麻油。

3. 再加入花椒油、陈醋、辣椒油,匀速地搅拌一会儿,至调味料完全融合,制成味汁,待用。

4. 取一盘,放入切好的白凉粉,浇上适量的味汁,撒上葱花,食用前搅拌均匀即可。

操作要领:

调好凉粉后静置一会待入味再食用更好。

营养特点

白凉粉中含有大量的碳水化合物,当人食用之后极易产生饱腹感,这样一来,人体对其他高热量食物的摄入也就减少了,可起到减肥的作用。

厨房小知识

白凉粉是用豌豆淀粉加开水熬煮而成。制作凉粉时,同等分量加水更多,制作出的白凉粉品质也更高。

川北凉皮

主料：
凉皮、黄瓜、绿豆芽。

调料：
● 盐、辣椒油、鸡精、熟芝麻各适量。

制作方法：
1. 将凉皮洗净，摆盘备用。
2. 黄瓜洗净，切丝，装盘；绿豆芽洗净，入沸水中焯水，捞出，装盘。
3. 将盐、鸡精、辣椒油、熟芝麻调成味汁，淋在凉皮上即可。

操作要领：
凉皮冰镇之后食用味道更好。

营养特点

凉皮性平、味甘，可温肺、健脾、和胃，冬天吃能保暖，夏天吃能消暑，春天吃能解乏，秋天吃能去湿，真可谓是四季皆宜的天然绿色无公害的减肥食品。

八宝锅珍

主料：
面粉、什锦蜜饯。

调料：
● 白糖、色拉油各适量。

制作方法：
1. 什锦蜜饯用刀切细备用。
2. 净锅内倒入色拉油，下入面粉小火炒制，待面粉色泽棕黄时，掺入开水继续翻炒，待吐油时，放入白糖、蜜饯，炒至白糖熔化后即可起装盘。

操作要领：
炒锅珍火不宜大，以免将面粉炒焦煳。

营养特点

蜜饯具止咳、化痰、疗脾、开胃之功效。

油醪糟

主料：

油醪糟、汤圆粉。

调料：

● 核桃仁、黑芝麻、红枣、苡仁、百合、白糖各适量。

制作方法：

1.将汤圆粉纳盆，加入适量清水，揉和成粉团待用。

2.红枣用开水浸泡，核桃仁用开水洗净入油锅炸香，黑芝麻炒香。

3.锅内加适量清水，放入核桃仁、芝麻、苡仁、红枣、百合，用中火熬至成熟，再将汤圆粉团搓成条子掰成小团下入锅内，待汤圆将熟时加入白糖、油醪糟烧沸后起锅即成。

操作要领：

制作前核桃仁要用油酥后切成颗粒，在开水锅内熬制片刻；红枣在熬制前3小时开水泡软。

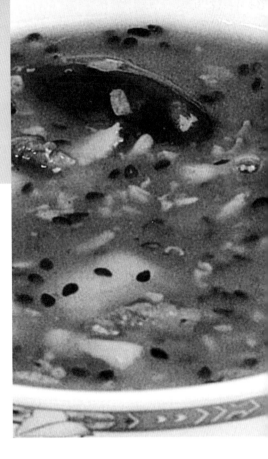

玉米香油茶

主料：

面馓子、黄豆、精制糯玉米粉。

调料：

● 盐、味精、胡椒、榨菜、猪油、红油、香菜、葱花各适量。

制作方法：

玉米粉加入适量水调散，锅内加入水，放盐、味精、胡椒、猪油，加入调好的玉米粉浆，煮2分钟后起锅入碗中，加入面馓子、油酥黄豆、红油、香菜、榨菜、葱花即成。

操作要领：

黄豆先用水泡胀，再经低油温炸脆。

营养特点

玉米含有丰富的蛋白质、豆粉、维生素、钙等对人体有益的元素。

空心菜粥

主料：
空心菜、大米。

调料：
● 盐适量。

制作方法：
1. 大米洗净泡发；空心菜洗净切圈。
2. 将锅置于火上，注水后放入大米，用旺火煮至米粒开花。
3. 放入空心菜，用文火煮至粥成，调入盐即可。

操作要领：
熬粥时，清水需一次加够，中途不可再加。

营养特点

空心菜含游离氨基酸及蛋白质、脂肪、糖类、粗纤维、胡萝卜素、维生素 B_1、维生素 B_2、维生素C、钙、铁、磷等。

莲藕糯米甜粥

主料：
莲藕、糯米。

调料：
● 白糖、葱各适量。

制作方法：
1. 莲藕洗净切片；糯米泡发洗净；葱洗净切花。
2. 将锅置于火上，注入清水，放入糯米，用大火煮至米粒烂，放入莲藕，用小火煮至粥浓稠时，加入白糖调味，再撒上葱花即可。

操作要领：
在熬粥时，应把葱花放入碗内，否则葱花会发黄。

营养特点

莲藕性寒，有清热凉血作用，可用来治疗热病症。同时，莲藕味甘多液，对热病口渴、咯血、下血者尤为有益。

南瓜百合甜粥

主料：
南瓜、百合、糯米、糙米。

调料：
● 白糖适量。

制作方法：
1. 糯米、糙米均泡发洗净；南瓜去皮洗净切丁；百合洗净切片。
2. 将锅置于火上，倒入清水，放入糯米、糙米、南瓜煮开。
3. 加入百合，同煮至浓稠状，调入白糖拌匀即可。

操作要领：
熬制时，需轻轻搅动几次以免煳锅。

营养特点

百合含有淀粉、蛋白质、脂肪及钙、磷、铁、镁、锌、硒、维生素 B_1、维生素 B_2、维生素 C、泛酸、胡萝卜素等营养素。

香菇枸杞养生粥

主料：
糯米、水发香菇、红枣、枸杞。

调料：
● 盐适量。

制作方法：
1. 糯米泡发洗净，泡半小时后捞出沥水；水发香菇洗净切丝；枸杞洗净；红枣洗净，去核切片。
2. 将锅置于火上，放入糯米、枸杞、红枣、香菇，注水煮至米粒开花。
3. 待粥煮至浓稠时，调入盐拌匀即可。

操作要领：
糯米要先用水泡发一定时间后，再下锅同煮。

营养特点

枸杞含有丰富的胡萝卜素，维生素 A、B_1、B_2、C 和钙、铁等眼睛保健的必需营养，故擅长明目，所以俗称"明眼子"。

南瓜木耳粥

主料：
黑木耳、南瓜、糯米。

调料：
● 盐、葱花各适量。

制作方法：
1. 糯米洗净，浸泡半小时后捞出；黑木耳泡发洗净后切丝；南瓜去皮洗净，切小块。
2. 锅置火上，注入清水，放入糯米、南瓜煮至米粒绽开后，再放入黑木耳。
3. 煮至粥成后，调入盐搅匀，撒上葱花即可。

操作要领：
熬至成粥状后，再加入适量盐调味。

厨房小知识

出锅之前，将南瓜搅散，粥的味道会更好。

猪肉包菜粥

主料：
包菜、猪肉、大米。

调料：
● 盐、味精、淀粉各适量。

制作方法：
1. 包菜洗净切丝；猪肉洗净切丝，用盐、淀粉腌片刻；大米淘净泡好。
2. 锅中注入水，放入大米，大火烧开后改中火，下入猪肉，煮至猪肉熟。
3. 改小火，放入包菜，待粥熬至黏稠，下入盐、味精调味即可。

操作要领：
猪肉在米粥快好时用一点盐、淀粉腌几分钟再下入锅中。

营养特点

猪肉蛋白质丰富，易于吸收，老少皆宜。

菠菜瘦肉粥

主料：
菠菜、瘦猪肉、大米。

调料：
● 盐、鸡精、生姜末各适量。

制作方法：
1. 菠菜洗净切碎；瘦猪肉洗净切丝，用盐稍腌；大米淘净泡好。
2. 锅中注入适量水，下入大米煮开，下入猪肉、生姜末，煮至猪肉熟。
3. 下入菠菜，熬至粥成，调入盐、鸡精调味即可。

操作要领：
熬煮时，菠菜不能久煮，菜刚熟后马上关火。

营养特点
菠菜是一年四季都有的蔬菜，营养极为丰富，因其维生素含量丰富，被誉为"维生素宝库"，糖尿病、高血压、便秘者更宜食用。

山药笋藕粥

主料：
山药、竹笋、莲藕、大米。

调料：
● 盐、味精各适量。

制作方法：
1. 山药去皮后切块；竹笋洗净，切段；莲藕刮去外皮，洗净切丁；大米洗净，泡发后捞出沥水。
2. 锅内注入清水，放入大米，煮至米粒开花，放入山药、竹笋、藕丁煮至粥浓稠，放入盐、味精调味即可。

操作要领：
煮粥前先将米用冷水浸泡半个小时，让米粒膨胀开，这样做的好处是熬起粥来节省时间。

营养特点
山药有健脾、除湿、补气、益肺、固肾、益精的功效，含有可溶性纤维，能推迟胃内食物的排空，控制饭后血糖升高。

鹅肝炒饭

主料：
鹅肝、菜心、水发香菇、胡萝卜、鸡蛋液、熟米饭。

调料：
- a料：盐、料酒、胡椒粉、水淀粉；
- 盐、味精、葱花、色拉油各适量。

制作方法：
1. 鹅肝切丁，加 a 料拌匀；菜心、水发香菇、胡萝卜分别切丁。
2. 锅内烧油至五成热，下鹅肝、菜心、水发香菇、胡萝卜丁、蛋液炒匀，倒入米饭，放盐、味精调味，撒入葱花翻炒均匀，装盘即可。

操作要领：
鹅肝也可先放入热油锅中滑散，然后再炒。

营养特点

鹅肝可降低人体血液中胆固醇含量，抑制其他脂肪的吸收。

尖椒回锅肉饭

主料：
青尖椒、五花肉、米。

调料：
- 豆瓣酱、辣椒酱、生抽、蒜苗、葱、姜、食用油各适量。

制作方法：
1. 五花肉蒸熟切片，中火炸干；青尖椒洗净切块，过油至熟；姜切片；葱切段；蒜苗切段；米煮熟成饭。
2. 油留少许，下入葱、姜、蒜苗炒香，加入五花肉、青尖椒、豆瓣酱、辣椒酱、生抽炒匀，与饭装盘即可。

操作要领：
五花肉先下锅煸炒会让口感更香。

营养特点

辣椒维生素 C 含量高，居蔬菜之首位，维生素 B、胡萝卜素以及钙、铁等矿物质含量亦较丰富。同时，有缓解胸腹冷痛、引起胃的蠕动、促进唾液分泌、增强食欲、促进消化之功效。

Part 2

热气腾腾　入口留香

招牌川味小吃之

蒸 品

菠菜鲜肉蒸饺

主料:
菠菜、肉末、饺子皮。

调料:
● 盐、糖、淀粉各适量。

制作方法:
1. 菠菜洗净,切成碎末,加入肉末、盐、糖、淀粉,一起拌匀成馅料。
2. 取一饺子皮,内放馅料,将面皮包好,收口,再将面团扭成元宝形,边缘捏紧。
3. 做好的饺子入锅中蒸熟即可。

操作要领:
制馅时,馅一定要剁细,才能使馅心滑嫩。

营养特点

菠菜含有大量的植物粗纤维,具有促进肠道蠕动的作用,利于排便,且能促进胰腺分泌,帮助消化,对痔疮、慢性胰腺炎、便秘、肛裂等病症有治疗作用。

厨房小知识

如果不会包饺子,可以使用包饺子模型,更加方便。

鸡肉大白菜蒸饺

主料：
鸡脯肉、大白菜、饺子皮。

调料：
● 盐、白糖、淀粉各适量。

制作方法：
1. 鸡肉洗净剁蓉；大白菜洗净切末；盐、白糖、淀粉与鸡肉、白菜拌成馅料。
2. 饺子皮包入馅料，将面皮从外向里折拢，边缘捏紧成花边状，制成生坯。
3. 做好的饺子放入锅中蒸熟即可。

操作要领：
水开后蒸饺子，15分钟即熟。

营养特点

大白菜含有蛋白质、脂肪、多种维生素和钙、磷等矿物质以及大量粗纤维，是非常好的健康蔬菜。

厨房小知识

蒸饺的面和到不软不硬为佳，然后饧20分钟左右，用力揉搓让面均匀。要将开水凉凉再和面，和到面不粘手为止。

香菇烧麦

主料：

面粉、糯米、香菇粒。

调料：

● 鲜肉熟馅、味精、盐、胡椒粉、老姜、猪油各适量。

制作方法：

1.将糯米淘洗干净，上笼蒸熟后倒在盆内，放入香菇粒、鲜肉熟馅、味精、盐、胡椒粉、老姜、猪油和成咸鲜馅。

2.把面粉加清水揉成面团，搓成长条，下剂子，擀成带花边的圆皮子，包入糯米饭，做成花瓶形上笼蒸熟即成。

操作要领：

香菇烧麦有时吃到嘴里有沙子的感觉，主要解决办法是香菇在做馅前应先用开水泡发2～4小时，再用清水淘洗干净泥沙，然后加工拌入馅内。

白菜蒸饺

主料：

猪碎肉、水发香菇、水发冬笋、面粉。

调料：

● 盐、胡椒、料酒、鸡精、香油、水淀粉。

制作方法：

1.水发香菇、水发冬笋分别切颗粒状放入碗中，加入猪碎肉，同调料拌匀成馅。

2.面粉入盆，加入开水调匀，制成面团，将馅料包入面团制成白菜饺生坯，上笼旺火蒸熟即可。

操作要领：

面粉一定要用鲜开水烫熟，否则面粉不熟，不利于成形。

营养特点

香菇营养丰富，素有"植物皇后"的美誉，被认为是防老长寿的"妙药"。

韭菜花饺

主料：

面粉、韭菜、鸡蛋。

调料：

● 香油、精盐、味精、胡椒粉、花生油各适量。

制作方法：

1. 韭菜择洗干净，切碎；鸡蛋磕开打散，倒入热油锅中翻炒，待两面金黄，用锅铲剁碎，倒入切好的韭菜，调入盐、味精、胡椒粉拌匀。

2. 面粉用七成开水烫成雪花状摊凉，再加三成凉水揉成面团，搓成长条，下剂子，按扁擀成圆片，包上馅捏成月牙形饺子，上笼用旺火蒸15分钟即成。

操作要领：

包好的饺子不用二次发酵，直接蒸就行。

牛肉蒸饺

主料：

面粉、牛肉馅。

调料：

● 精盐、老姜、味精、胡椒粉、生菜油各适量。

制作方法：

1. 面粉过筛后放在案板上，冲入开水，和成烫面，切成剂子。

2. 用擀面杖把烫面擀成圆片，包入牛肉馅做成饺子形，饺子面捏成花纹，上笼蒸熟即成。

牛肉馅的做法：用绞肉机绞烂牛肉后放入盆内，加入盐、味精、胡椒粉、老姜颗粒拌匀，再加入适量的水浸透，最后加入生菜油和匀即成。

操作要领：

牛肉馅要浸得松泡、吃足水分，口感才嫩滑。可在拌馅时，加入适量小苏打用力搅打，使肉馅嫩滑。

四喜饺

主料：
面粉、鲜猪肉。

调料：
● 菠菜、鸡蛋、火腿肉、精盐、味精、化猪油、料酒、酱油各适量。

制作方法：
1. 鲜猪肉切碎；菠菜焯水挤去水分，剁碎；鸡蛋分蛋黄、蛋清炒熟，切成粒；火腿煮熟，制成细粒。
2. 热锅入化猪油烧热，下碎猪肉炒散，放酱油、料酒、盐炒香，烹入葱花、胡椒粉、味精调好味，制成鲜肉馅。
3. 面粉用沸水烫成热水面团，经反复揉匀，搓出长条下剂，用擀面杖将剂子擀成圆皮形，放入鲜肉馅，并用手指捏出四个孔，分别将菠菜、火腿、蛋黄、蛋白装入，上笼蒸 25 ~ 30 分钟即成。

操作要领：
面团一定要趁热快速和匀。

香菜虾饺

主料：
虾仁、香菜、澄粉。

调料：
● 姜葱水、盐、胡椒、料酒、蛋清、干细淀粉、清水、色拉油。

制作方法：
1. 虾仁、香菜分别剁碎入盆，加入所有调料，拌匀制成虾馅；澄粉用沸水调制成面团。
2. 澄粉面团分成小块，擀制成圆形皮张，逐一包入虾馅，制成虾饺。
3. 虾饺入笼蒸熟即可。

操作要领：
没有澄粉，用面粉也行。

营养特点
虾中含有丰富的镁，镁对心脏活动具有重要的调节作用，能很好地保护心血管系统。

香菇蒸饺

主料：
面粉、里脊肉、水发香菇。

调料：
● 湿淀粉、精盐、味精、胡椒粉、姜汁各适量。

制作方法：
1.香菇切碎，里脊肉剁泥，加入清水、姜汁和盐，拌上起劲，淋入湿淀粉、味精、胡椒粉拌匀，再拌入香菇制成馅。
2.沸水烫面粉，揉和成团，稍饧后搓长条下剂子，擀成圆皮，包入馅，折四个角成五花瓣花形，中间留口提起来上笼，以旺火蒸熟即成。

操作要领：
勾芡宜薄一些。

营养特点

该小吃含蛋白质、脂肪、糖及多种矿物质，是一款美味食品兼滋补佳品。

蟹肉蒸饺

主料：
面粉、蟹肉、里脊肉、蟹黄。

调料：
● 猪油、黄酒、酱油、白糖、味精、精盐、葱末、姜末、姜汁、胡椒粉各适量。

制作方法：
1.锅内放入猪油烧热，投入蟹黄、蟹肉、点盐，加入葱末、姜末，烹入黄酒炒匀，即成蟹黄馅，用小火熬透。
2.里脊肉剁末，淋入酱油、盐、葱、姜汁，拌匀上劲，撒糖、味精、胡椒粉，拌入蟹黄馅。沸水烫面粉，揉和成团，稍饧后搓成长条，下剂子，擀成圆皮包入馅，折四个角捏成五边形，以旺火蒸熟即成。

操作要领：
蟹黄、蟹肉用猪油、葱姜煸炒一下可以去腥。

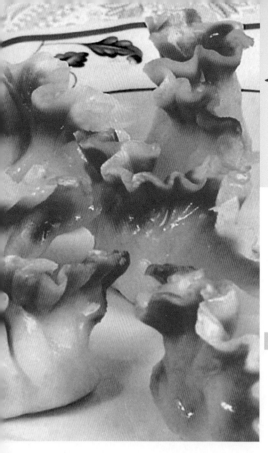

鱼茸鸡冠饺

主料：
澄粉、鱼茸馅、红色色素。

调料：
● 猪油、精盐各适量。

制作方法：
将澄粉纳盆中放入猪油、盐拌匀，用沸水烫成面团出长条下剂子，压成圆片，包入鱼茸馅，边沿沾上红色色素少许，对折用手捏成鸡的冠子形象，上笼蒸熟即成。

操作要领：
制作鱼茸馅时，应将鱼肉剔出小刺，用刀背反复捶烂，再用刀剁细、剁茸。

营养特点
鱼肉含丰富的蛋白质、矿物质、微量元素和维生素，味鲜美，能开胃纳食，病后或产后体虚者最宜食用。

水晶虾饺

主料：
澄粉、鲜虾仁。

调料：
● 精盐、味精、鸡蛋清、豆粉、葱花各适量。

制作方法：
1.澄粉加入清水和匀，然后出剂子压成薄面皮；鲜虾仁加入精盐、味精、鸡蛋清、豆粉、葱花调成馅料。
2.用面皮包入馅料，捏成饺子形，入笼蒸约10分钟，取出装盘即可。

操作要领：
面皮一定要压得薄；蒸制火力一定要大。

营养特点
虾含有丰富的镁，镁对心脏活动具有重要的调节作用，能很好地保护心血管系统，可减少血液中胆固醇含量，防止动脉硬化，同时还能扩张冠状动脉，有利于预防高血压及心肌梗死。

芙蓉蒸饺

主料：

猪碎肉、面粉、熟鸡蛋、韭菜。

调料：

● 盐、胡椒、料酒、味精、水淀粉各适量。

制作方法：

1. 熟鸡蛋切碎粒，韭菜切细花，入碗加猪碎肉、盐、胡椒、料酒、味精、水淀粉拌匀成馅料。
2. 面粉入盆，加入沸水烫至熟，揉成面团，搓条，下剂，擀制成圆形皮张，逐一包入馅料，制成饺坯。
3. 饺坯入笼旺火蒸熟即可。

操作要领：

面粉用沸水烫制成面团，可塑性增强，用冷水调制的面团做不出这种造型。

梅花蒸饺

主料：

面粉、鲜肉熟馅。

调料：

● 熟鸡蛋黄适量。

制作方法：

1. 将面粉用箩筛筛过后，装入盘内，用沸水烫成面皮，然后出长条下剂子，用擀面杖擀成圆皮形。
2. 将面皮包入鲜肉熟馅，折四个角成五瓣花形，每个花瓣内放入鸡蛋黄（鸡蛋煮熟后取蛋黄切成颗粒），上笼蒸熟即成。

操作要领：

在制作时，要特别注意每个花瓣的距离要相等，这样才能突出点心的美感。

营养特点

蛋黄含有优质蛋白质、多种维生素，尤其是含有卵磷脂，是合成神经介质的主要物质，对维持记忆力、分析及思维能力有重要作用。

荞麦蒸饺

主料：

荞麦面、西葫芦、鸡蛋、虾仁。

调料：

● 盐、姜、葱各适量。

制作方法：

1. 荞麦面加水和成面团，下剂擀成面皮。

2. 虾仁剁碎，炒碎鸡蛋末，西葫芦切丝用盐腌一下，加入盐、姜、葱和成馅料。

3. 再取面皮包入适量馅料，包成饺子形，入锅蒸8分钟至熟即可。

操作要领：

包好的蒸饺放入蒸笼前，蒸笼底部需适当刷油，以防粘连。

营养特点

荞麦蛋白质中含有丰富的赖氨酸成分，铁、锰、锌等微量元素比一般谷物丰富，而且含有丰富的膳食纤维，是一般精制大米的10倍。

芹菜肉馅蒸饺

主料：

芹菜、饺子皮、瘦肉。

调料：

● 盐、酱油、味精、十三香、鲜汤各适量。

制作方法：

1. 芹菜择洗净，和瘦肉一起剁成泥，调入盐、酱油、味精、十三香，加入鲜汤拌匀成馅备用。

2. 取一饺子皮，加入适量馅，包成饺子，上笼蒸10分钟即可。

操作要领：

不能用热水和面。

营养特点

芹菜里含有酸性的降压成分，已经经过多种试验表明它能够对抗人体的升压反应，可以起到降压的作用，对于"三高人群"、妊娠性高血压以及老年高血压患者均有很好的疗效。

金银馒头

主料：
低筋面粉、泡打粉、酵母、改良剂。

调料：
● 糖适量。

制作方法：
1. 用清水拌匀泡打粉、酵母、改良剂、糖。
2. 将低筋面粉拌入搓匀。
3. 搓至面团纯滑。
4. 用保鲜膜包好，稍作松弛。
5. 用擀面杖将面团擀薄。
6. 卷起成长条状。
7. 分切成馒头坯。
8. 蒸熟，冷冻后将其中一半炸黄。

操作要领：
炸馒头时最好选用花生油。

营养特点

低筋面粉富含赖氨酸，能调节人体代谢，促进身体发育。

燕麦馒头

主料：
低筋面粉、泡打粉、酵母、改良剂、燕麦粉。

调料：
● 砂糖适量。

制作方法：
1. 低筋面粉、泡打粉过筛，与燕麦粉混合。
2. 加入砂糖、酵母、改良剂、水，拌匀。
3. 将面粉拌入，搓至面团纯滑。
4. 用保鲜膜包起，松弛约 20 分钟。
5. 用擀面杖将面团压薄。
6. 将压薄的面团卷成长条状。
7. 分切成馒头坯。
8. 排于蒸笼内，用猛火蒸 8 分钟至熟。

操作要领：
面团一定要揉均匀。

白玉包

主料：

自发面粉、猪肉、荸荠。

调料：

● 盐、味精、小苏打、白糖、胡椒粉、酱油、鸡汤、香油、猪油、姜、葱各适量。

制作方法：

1. 自发面粉加入清水，调和成面团，用湿布盖住发酵半小时。
2. 猪肉用刀剁细；荸荠切成颗粒状；肉茸装入盆中，加盐、味精、胡椒粉、酱油调味，再分次加入鸡汤和姜葱，搅打上劲，最后加入荸荠粒和香油拌匀。
3. 饧好的面团下剂，制成面皮，包入馅心。制作好的包子生坯放入锅中蒸 8 分钟至熟即可。

操作要领：

制作包子包入的馅心不可过多，以不漏出为好。

香菇素菜包

主料：

发面、水发黄花菜、香豆干、青菜、水发香菇。

调料：

● 熟精炼油、芝麻油、精盐、白糖、味精各适量。

制作方法：

1. 分别将青菜、水发香菇、水发黄花菜及焯过水的豆干剁成碎末，和在一起挤干水分，放入碗内，加盐、白糖、味精、熟精炼油、芝麻油搅匀制成馅心。
2. 发面内加入泡打粉，和匀下剂子，然后用手掌将剂子压成圆形的皮子，包入制好的馅心，上笼蒸熟即成。

操作要领：

水发香菇、水发黄花要洗净沙粒，以免影响成品的口感。

营养特点

香菇营养丰富，味道鲜美，中医认为其性平味甘，能健脾胃、益气补虚。

三角糖包

主料：
面粉。

调料：
● 熟花生米、熟芝麻、红糖、白砂糖、花生油、酵母粉各适量。

制作方法：
1.将面粉内掺入温水、酵母粉，和成面团发酵。
2.将熟花生米、芝麻碾碎，花生油烧热浇在上面，再拌入红、白糖制成糖馅。
3.将发酵好的面团反复揉搓，分成若干等份，擀成里厚周边薄的面皮，摊于面板上，放入糖馅，将三面同时提起掐褶使成三角形，上笼蒸15分钟即成。

操作要领：
糖粉入锅时，要留一定的空隙，防止做熟时相互粘连，红糖流出。

寿桃包

主料：
精面粉。

调料：
● 白砂糖、植物油、豆沙、酵母、水、红色食用色素各适量。

制作方法：
1.将精面粉掺入酵母粉和水拌匀，揉成光润面团，饧发半小时。糖、油、豆沙混合一起制成馅。将发面分成等份，按扁擀成圆形坯皮，包入豆沙馅，收口朝下，用手指捏出桃尖，做出桃形。
2.寿桃包做好，一一间隔上笼，以旺火沸水足气蒸约1刻钟，成熟下屉，用食用红色涂红寿桃尖即成。

操作要领：
桃尖上色时，可以用软毛刷。

象形刺猬包

主料：
面粉。

调料：
● 依士粉、泡打粉、糖粉、黑芝麻、奶黄各适量。

制作方法：
1. 面粉、依士粉、糖粉加水和匀，揉成面团，搓条，摘剂。
2. 剂子制成坯皮包入奶黄馅心，捏成刺猬形，雕出刺猬身上的刺、嘴巴，再用黑芝麻贴作眼睛。
3. 饧面后，上笼蒸5分钟取出，装盘即成。

操作要领：
雕刻细心，以雕出刺猬神态为佳；蒸一定要控制好时间。

营养特点
该小吃含蛋白质、脂肪、碳水化合物等多种营养成分，具有益气血、健脾养心之功效。

小笼包子

主料：
面粉、猪肉馅、肉皮、熟糯米饭。

调料：
● 姜、精盐、味精、白糖、酱油、料酒、酵母粉、胡椒粉、香油各适量。

制作方法：
1. 将酵母粉入温水调汁和成面团发酵。
2. 将猪皮里外刮洗干净，放高压锅内加水，点酱油、料酒、盐、胡椒粉、葱、姜炖煮至皮成糜状，去渣冷却制成皮冻。
3. 将猪肉馅内淋上酱油、盐，朝一个方向搅拌，葱切碎、姜压汁同料酒、胡椒粉、味精、香油、熟米饭、糖一起拌入，再掺入切碎的皮冻，制成汤包馅。
4. 将发好的圆团用大力揉光，分成若干等份，擀成中间厚周边薄的面皮，将馅包入，捏褶成小包形，上笼蒸15分钟即成。

蛋黄奶包

主料：
小苏打、酵母粉、咸鸭蛋黄、牛奶、面粉、清水、太白粉。

调料
● 猪油、白糖各适量。

制作方法：
1. 将鸭蛋黄捣碎，和入少许太白粉制成泥，放热油锅中炒沙，撒盐、糖制成蛋黄馅待用。
2. 面粉内掺入酵母粉、牛奶、清水调成面团，盖湿布发酵。
3. 面发好后加入苏打水反复揉搓，使面团起劲光滑，然后搓成长条，下剂，逐个擀成圆皮，包入蛋黄馅，收口朝下，上笼蒸制 20 分钟即成。

操作要领：
蒸好的包子不要急于出锅，应该等 3 分钟左右，再揭盖，这样不会软塌，便于成形。

猪肉豆角包

主料：
面粉、豆角、猪肉、发酵面。

调料：
● 精盐、碱粉、味精、酱油、绍酒、花生油各适量。

制作方法：
1. 面粉内加发酵面，用温水和成面团，盖湿布发酵。
2. 豆角掐去老茎，入沸水中焯至断生，切碎猪肉剁细泥一同拌匀，调入绍酒、酱油、盐，磕入鸡蛋，淋入花生油，调成馅料。
3. 将发好的面团加入碱水，揉光搓透，搓长条，下剂子，擀成包子皮，包上馅料，上笼旺火蒸 15 分钟即成。

操作要领：
蒸笼中摆放生包子时，注意包子与包子、包子与蒸笼边缘都要预留适当距离。

胡萝卜包

主料：

面粉、鲜酵母。

调料：

● 发酵粉、胡萝卜、烤麸、姜、葱末、精盐、熟猪油、味精各适量。

制作方法：

1. 胡萝卜削皮去根洗净，入笼稍蒸，取出切碎，调入烤麸、姜、葱末、盐、味精，加入熟猪油拌匀成馅。

2. 面粉掺入发酵粉、酵母、水揉和成面团，盖湿布发酵，待发好后反复揉搓至面团光滑，下剂擀圆皮，包入胡萝卜馅，捏褶收口。

3. 上笼，用旺火蒸制 12 分钟即成。

操作要领：

和面时放入适量活性干酵母。

营养特点

胡萝卜能有效消除生火引起的头昏眼花而安定神经；调养胃部、十二指肠等消化器官而协调营养。

风味酱香包

主料：

面粉、酵母、油菜、香菇、猪五花肉。

调料：

● 花生油、鸡精、甜面酱、料酒各适量。

制作方法：

1. 将面粉加酵母、温水和成光滑的面团，揉匀发酵；香菇、油菜切小粒，用花生油拌匀；五花肉用甜面酱、料酒拌匀后腌渍 1 小时。

2. 将腌好的肉与油菜香菇放在一起，加鸡精拌匀，即成馅料。

3. 发酵的面团分割成小剂，擀成包子皮，包入馅料，即成包子生坯。

4. 锅中加入清水烧沸，放入装有包子生坯的蒸笼，以大火蒸约 15 分钟后关火，焖 5 分钟出锅。

操作要领：

面团一定要饧发充分，确保蒸制后弹性强、有筋道。

韭菜鸡蛋包

主料：
面粉、韭菜、鸡蛋。

调料：
● 发酵粉、精盐、碱水、胡椒粉、花生油、香油各适量。

制作方法：
1. 面粉内加入发酵粉，掺入温水和成面团，盖上湿布发酵。
2. 韭菜择洗干净切碎，鸡蛋磕入碗中打散起泡，倒入热油锅中翻炒，待成块时离火放凉，放入切好的韭菜，调入胡椒粉、香油、盐拌匀待用。发好的面团加入碱水，揉光揉透，下剂子，擀成包子皮，包上菜馅，掐成枫树叶形状，上笼蒸15分钟即可出锅。

操作要领：
面团放置的地方不要超过70℃，否则活酵母会变成死酵母。

五香卤肉包

主料：
卤猪肉、面团。

调料：
● 五香粉、盐、姜、葱各适量。

制作方法：
1. 葱切花，姜去皮切末；卤猪肉切条，用五香粉、盐拌匀，腌10分钟，再切碎，加葱花、姜末拌匀。
2. 面团揉匀，搓条，下剂按扁，擀成面皮。
3. 馅料放入面皮，左手托住面皮，右手捏住面皮边缘，旋转一周，捏成提花生坯，饧发后蒸熟即可。

操作要领：
面发后用手指按下一个洞不会很快反弹。

营养特点

卤制调味品大多具有开胃健裨、消食化滞等功效。所以使用卤制原料，除了可满足人体对蛋白质及维生素等的需求外，还能达到开胃、增加食欲的目的。

莲蓉包

主料：
低筋面粉、泡打粉、酵母、改良剂、莲蓉馅。

调料：
● 砂糖适量。

制作方法：
1. 低筋面粉、糖加余下材料和水拌匀。
2. 将面粉搅拌均匀后揉匀。
3. 搓至面团纯滑。
4. 用保鲜膜包好，稍作松弛。
5. 面团切成剂子后压薄。
6. 将莲蓉馅包入。
7. 收好包口，捏紧成型。
8. 稍作静置后以猛火蒸约 8 分钟即可。

操作要领：
要用旺火蒸，且一气呵成。

营养特点
莲蓉含有蛋白质、维生素 A、维生素 E，具有益气补血、安神镇定的作用。

燕麦花生包

主料：
低筋面粉、泡打粉、酵母、改良剂、燕麦粉。

调料：
● 砂糖、花生馅各适量。

制作方法：
1. 低筋面粉、泡打粉与燕麦粉混合开窝。
2. 加砂糖、酵母、改良剂、水拌匀。
3. 将剩余面粉拌入，搓至面团纯滑。
4. 用保鲜膜包起，约松弛 20 分钟。
5. 面团搓成长条，分切。
6. 将切好的面团压薄成面皮。
7. 包入花生馅，将口收紧。
8. 均匀排入蒸笼内，蒸约 8 分钟即可。

操作要领：
面团在温暖的地方更易于发酵。

麻蓉包

主料：
面皮。

调料：
● 芝麻酱、花生酱、黄油、淀粉、糖、白芝麻各适量。

制作方法：
1.将白芝麻放入锅中炒香，加入芝麻酱、花生酱、黄油、淀粉、糖一起拌匀成麻蓉馅。
2.取一面皮，内放麻蓉馅，再将面皮从下向上捏拢。
3.将封口捏紧即成生坯，饧发1小时后，上笼蒸熟即可。

操作要领：
如果该过程中发面的速度太快，可以考虑把它放到凉爽的地方，酵母菌在低温时停止生长，但不会死掉。

透明水晶包

主料：
粉团。

调料：
● 白奶油馅、奶黄馅各适量。

制作方法：
1.将粉团揉匀，搓成粗细均匀的圆形长条，再切成小面剂，擀成薄面皮。
2.另取适量奶黄馅置于面皮之上，将面皮包起来。
3.另取一张面皮，包上白奶油馅。将包好的包子上笼蒸5分钟，即可食用。

操作要领：
如果觉得面发得不够理想，可以在加工成型后再等片刻，让酵母继续生长。

营养特点
奶黄富含钙和维生素D，对人体生长发育很有益处。

水晶花卷

主料：
面粉。

调料：
● 泡打粉、酵母粉、白糖、蜜饯各适量。

制作方法：
1. 用面粉、泡打粉、酵母粉、清水调匀，和成面团，再压成厚约 0.5 厘米的面皮，撒上蜜饯、白糖，再将面块裹紧后切成小条。
2. 用 3~5 条合在一起捏成形，放在笼中发酵后蒸熟即可。

操作要领：
发酵时间要够。

营养特点

花卷是以面粉经发酵制成，主要营养素是碳水化合物，是人们补充能量的食物。

川味花卷

主料：
面团、花生碎。

调料：
● 盐、香油各适量。

制作方法：
1. 面团揉匀，擀成薄片，均匀刷上一层香油。
2. 撒上盐和炒香的花生碎，用手抹匀、按平。
3. 从边缘起卷成圆筒形。
4. 切成 2.5 厘米（约 50 克）宽、大小均匀的面剂。
5. 用筷子从中间压下，捏住两头往反方向旋转。
6. 旋转一周，捏紧口后，饧发 15 分钟，入锅蒸熟即可。

操作要领：
酵母使用量要适宜，酵母使用量为面粉重量的 1.5%～2% 时，其发酵力最佳。

豆沙双色馒头

主料：
面团。

调料：
● 豆沙馅适量。

制作方法：
1. 面团分两份，一份加豆沙和匀，另一份面团单独揉匀。
2. 将掺有豆沙的面团和另一份面团分别搓成长条。
3. 用通心槌分别将长条形面团擀成长薄片。
4. 将擀好的长薄片喷上少量水，叠放在一起。
5. 从边缘开始卷成均匀的圆筒形。
6. 分切生坯，饧发 15 分钟后，入锅蒸熟即可。

操作要领：
卷时要卷紧，以免蒸时裂开。

营养特点

豆沙含有蛋白质、B 族维生素和多种矿物质，可以健脾止泻。

红豆糕

主料：
红豆、葡萄干、薏米、糙米、面粉。

调料：
● 红糖适量。

制作方法：
1. 将红豆、葡萄干、薏米、糙米泡洗干净后，加入面粉、红糖和少许水在盆中拌匀。
2. 将所有拌匀的材料放入沸水锅中蒸约 20 分钟，再焖几分钟。
3. 将蒸好的食物装入模具内，待冷后倒出切成块即可。

操作要领：
蒸糕时间不宜过长，时间过长，糕身会出现水状。

营养特点

红豆有清心养神、健脾的功效，可提升内脏活力，增强体力。

甜面糕

主料：
面粉、吉士粉。

调料：
● 豆油、白糖各适量。

操作要领：
蒸制时要用大火一次蒸成。

营养特点
适当食用白糖有助于提高机体对钙的吸收。

厨房小知识
蒸好的糕取出来后在表面涂满油就不会干裂。

制作方法：
1. 面粉和吉士粉混合，加适量水揉拌成发面团，取出2/3面团，擀成薄皮，切成丝，把丝揉成条状。
2. 将1/3的面团擀成约2厘米厚的薄片，和入丝条，做成长条形面包状，饧发。
3. 饧发后放在笼内，上旺火，沸水蒸8分钟，切块装盘。
4. 用豆油炒白糖，变色后淋在盘中即可。

多彩白蜂糕

主料：
大米粉、泡打粉、干酵母。

调料：
● 什锦果脯、白糖、蜂蜜各适量。

制作方法：
1.将大米粉纳盆，放入泡打粉、干酵母、清水搅拌和匀，干稀适度，放在适温处饧发。
2.待大米粉浆起发后放入白糖、蜂蜜，加入什锦果脯（切成颗粒）和匀。
3.将果脯大米粉浆倒在垫有湿布的笼内，用旺火蒸熟待冷却后，切成块状上桌即成。

操作要领：
发酵米浆时应注意观察浆的孔眼状，发好的米浆黏度很浓，孔眼紧密且小而均匀，没有脱水现象，这种浆才能保证糕的质量。

营养特点
蜂蜜具有补中、润肠、通便等作用；大米粉能大量补充人体所需的热能。

厨房小知识
蒸的时候，锅内必须一直装满热水，水太少的话，蒸气量就会减少，蒸笼边缘也易烧焦。只要水不够就立刻加入热水，温度才不会下降。

红宫玉米糕

主料：

黄油、玉米粒、玉米粉、大米。

调料：

● 白糖、苏打各适量。

制作方法：

1. 大米淘净，加入清水发胀后，磨成浆汁。
2. 浆汁加入玉米粉、黄油、清水等搅拌均匀，发酵 12 小时。
3. 发酵好的浆放入苏打、白糖、玉米粒和匀，上笼蒸约 10 分钟即可。

操作要领：

发酵、上笼蒸的时间要掌握好。

营养特点

玉米含蛋白质、脂肪、碳水化合物、核黄素、尼克酸、维生素、铁、钙、磷、硒等成分。

红枣千层糕

主料：

面粉。

调料：

● 白糖、干酵母、泡打粉、肥膘丁、蜜桂花、红枣、猪油各适量。

制作方法：

1. 将面粉过筛后纳盆，加入白糖、猪油、干酵母、泡打粉、水和匀成面团。
2. 用压面机把面团压过后切成长方形，面上刷上一层猪油，撒上一层面粉，对折后擀成长方形，再刷油撒肥膘丁、面粉，用此方法 3 ~ 4 次，最后擀成长方形，面上撒洒水，粘上红枣粒（红枣去核切粒）、蜜桂花少许，上笼蒸熟即成。

操作要领：

每层扫油后，要撒粉均匀；在折叠时要快，反复擀制、折叠，直到符合要求为止。

豆乳米糕

主料：
优质大米、泡打粉、食用碱、酵面浆。

调料：
● 白糖、黄豆浆各适量。

制作方法：
1.大米用清水洗净并泡胀，加入黄豆浆磨成米浆。
2.米浆入盆，加进酵面浆、泡打粉搅匀，待发酵成熟后加入食用碱调匀。
3.再加入白糖和匀，上笼旺火蒸熟即成。

操作要领：
米浆发酵时最好翻3～5次，蒸出的米糕弹性才好，有嚼劲。

营养特点

大米含核黄素、尼克酸、维生素E、碳水化合物、蛋白质、脂肪、硒、磷、钙等，其味甘性平，有温中和肠胃、除烦止渴、益气止泻等功效。

五仁玉米糕

主料：
鲜奶、鸡蛋、酵面、碱面、葡萄干、杏干、玉米粒、枸杞、松仁、精玉米粉、小麦粉。

调料：
● 白糖适量。

制作方法：
1.用温水把酵面泡开，掺入精玉米粉、鲜奶、鸡蛋、小麦粉和少量的水搅匀成糊状。
2.发酵后加入白糖、碱面，摊入笼内。各种干果用水洗净，杏干泡软切碎，一同拌匀撒在玉米糕上，用大火蒸40分钟即成，食时切块。

操作要领：
揉面时每加入一种材料，就要揉匀一次。

营养特点

玉米含有谷胱甘肽，可使致癌物质失去致癌性。

水晶豌豆黄

主料：

琼脂、豌豆。

调料：

● 白糖适量。

制作方法：

1.先将豌豆洗净，加水用铜锅煮烂搓成茸，过筛去皮成稀豆泥。

2.用铝锅将琼脂、白糖加适量清水煮化，琼脂溶解后用纱布过滤，将原汁与稀豆泥一起用铜锅熬至表面成糖皮时，盛在搪瓷盘内，待凉后放进冰箱，食时切成块即可。

操作要领：

如果豌豆黄有杂质，口感就不好，可以用箩筛把压烂的豌豆黄过滤干净，取其豌豆沙。

营养特点

豌豆性平味甘，有和中下气、利小便、解除疮毒、止痢、通乳之功效。

藕丝珍珠糕

主料：

西米、藕、江米粉。

调料：

● 白糖、番茄汁各适量。

制作方法：

1.藕洗净，去皮，切成细丝，再用清水洗；西米煮熟透。

2.将藕丝水分挤干，加入白糖、江米粉、番茄汁拌匀，然后上笼蒸熟，待将其取出时，抹上煮透的西米，改刀菱形，装盘即成。

操作要领：

上笼蒸时，注意掌握好时间；抹西米一定要均匀。

营养特点

藕营养丰富，性寒味甘，能凉血止血、除热清胃、益血补心等。

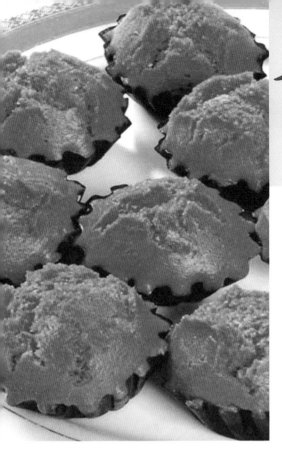

开味山楂糕

主料：

山楂片、精制面粉各适量。

调料：

● 白糖适量。

制作方法：

1. 山楂片用水泡化。
2. 面粉加入山楂水、白糖和匀成面团，用模具刻出形状，放入笼中蒸熟取出即成。

操作要领：

山楂片要用温水泡化，蒸制要用大火。

营养特点

山楂中含有丰富的碳水化合物、膳食纤维、钙、铁、钾和维生素 C。

青豆糕

主料：

青豌豆、面粉、泡打粉。

调料：

● 白糖适量。

制作方法：

将青豌豆洗干净煮后压烂，倒在盆内加入适量面粉、白糖、泡打粉、清水和匀，做成圆球形，放在垫有菜叶的笼内，上笼蒸熟即可。

操作要领：

要将煮熟的青豆压烂、压茸后加入面粉及其他配料，这样口感才好，质地才佳。

营养特点

豌豆含有维生素 C，有助于预防雀斑的形成。

饭豆糕

主料：
饭豆、面粉、干酵母、泡打粉、什锦果脯。

调料：
● 白糖适量。

制作方法：
1. 饭豆淘洗干净后加入清水煮熟。
2. 沥干水分后加入面粉、白糖、干酵母、泡打粉、清水，揉和成面浆（干稀适度），再放入9寸方盒内刮平表面，撒入少许什锦果脯粒，上笼用旺火蒸熟后冷却，切成菱形块状即成。

操作要领：
如夏季冷吃，此糕不能放入冰箱，应放入恒温柜内，取出食用时才不会发硬，这样糕既微凉带软，又香甜软糯。

营养特点

饭豆含蛋白质、脂肪、豆粉、钙、磷、铁、维生素 C、维生素 B_1、维生素 B_2 等，为补脾佳品，能健脾除湿，凡脾虚水肿、脚气、泄泻等患者宜多食用。

厨房小知识

用牙签插到糕中心再拿出来，如果牙签不粘渣就说明蒸熟了。

云豆糕

主料：

糯米粉、三花淡奶、鹰栗粉、猪油、核桃仁、黑芝麻、什锦果脯。

调料：

● 白糖适量。

制作方法：

将糯米粉盛入盆内，加入白糖、三花淡奶、鹰栗粉、猪油、适量清水和匀成糊浆状，再倒在方盒内压平，面上撒上黑芝麻、核桃仁、什锦果脯，上笼蒸熟，待冷却后切成长方形块状即成。

操作要领：

在和糕浆时，用手搽到糕浆成砣状，才符合标准。

营养特点

糯米含蛋白质、脂肪、钙、维生素 B_2 等成分；黑芝麻除含脂肪丰富外，还含芝麻素、芝麻酚、维生素 E、卵磷脂和钙等营养物质。

厨房小知识

将烤盘放到蒸笼/蒸锅里，上面盖上干净的厨用巾，毛巾会吸收水蒸气防止滴水到蛋糕上。

椰蓉玉米糕

主料：
玉米粉、椰蓉。

调料：
● 白糖适量。

制作方法：
1.盆中放入玉米粉、白糖和匀，加入鲜开水烫至发黏后和成面团。
2.面团出剂子，逐一在剂子上撒上椰蓉，再搓成形，上笼蒸约5分钟即可。

操作要领：
蒸时火要大，时间不宜太久。

营养特点

玉米含蛋白质、脂肪、碳水化合物、胡萝卜素、维生素E等成分，与其他谷物比较，玉米维生素的含量最高。

雪花马蹄糕

主料：
马蹄粉、鲜马蹄。

调料：
● 白糖适量。

制作方法：
1.将马蹄粉纳盆，用清水稀释成浆。
2.锅内掺适量清水，放入白糖，烧沸后冲入马蹄浆内，成半糊状倒入铁盒内，撒上鲜马蹄（切颗粒）上笼蒸熟即可。

操作要领：
在蒸制此糕时火力要大，时间要蒸够，一般两寸厚的糕至少要蒸40～50分钟才能成熟。

营养特点

马蹄有预防急性传染病的功能，它营养丰富，是一种不可多得的药食两用食物。

玉米金糕

主料：

玉米粉、鲜玉米粒、泡打粉、奶粉。

调料：

● 白糖适量。

制作方法：

用玉米粉、白糖、泡打粉、奶粉、清水和成面团，再搓成圆形，表面撒上鲜玉米粒，上笼蒸约 10 分钟取出即可。

操作要领：

白糖不可用得过多，否则不易定形。

营养特点

玉米所含的"全能营养"适合各个年龄段的人群食用，其丰富的谷氨酸能促进大脑发育，是儿童最好的益智食物。

叶儿粑

主料：

玉米叶、芽菜、糯米粉、菠菜汁、腊肉、鲜猪肉。

调料：

● 白糖、精盐、味精、花椒粉各适量。

制作方法：

1. 用腊肉、鲜猪肉、芽菜、盐、味精、花椒粉制成馅。
2. 用菠菜汁、糯米粉、白糖拌成软硬适中的面，包入馅心，用玉米叶包上，入笼蒸 10 分钟，起笼装盘即成。

操作要领：

菠菜汁不宜加得太多；面团干、稀要适度。

营养特点

糯米含蛋白质、脂肪、钙、维生素 B_2 等成分，是传统补品，价值高，滋补性强。

棕香黄耙

主料：

糯米、大米、棕叶。

调料：

● 红糖适量。

制作方法：

1. 大米用清水浸泡胀，用打浆机打成米浆。糯米上笼蒸熟；红糖加热化开。
2. 米浆和蒸熟的糯米、红糖拌匀，放置30分钟，然后捏成坨，用棕叶包裹好。
3. 食用时入笼蒸熟即可。

操作要领：

大米要浸泡至无硬心时，再打成浆。

营养特点

糯米能够缓解气虚所导致的盗汗、妊娠后腰腹坠胀、劳动损伤后气短乏力等症状。

八宝珍珠元子

主料：

糯米粉。

调料：

● 西米、核桃仁、白糖、瓜仁、花生仁、芝麻、蜜樱桃、瓜条、葡萄干、琼脂粉、绿色菜汁各适量。

制作方法：

1. 将西米发好，糯米粉用冷水揉成团，各种蜜饯切成小粒做成馅心。
2. 核桃仁炸后加糖浆做成假山，琼脂粉制成凉冻（加绿色菜汁）后舀入盘中晾冷后放入假山。
3. 用糯米团做成剂子，包入八宝馅心，粘上西米上笼蒸熟后装入盘内。

操作要领：

核桃仁不能炸焦；掌握好蒸元子的时间。

营养特点

甜香软糯，营养丰富。

乡村野菜粑

主料：
灰灰菜、地地菜、竹叶菜、面粉、泡打粉、苞谷叶。

调料：
● 白糖适量。

制作方法：
将各种野菜淘洗干净后横切两刀，放入洁盆内，加入泡打粉、面粉、白糖、清水和匀成菜面浆状，用苞谷叶包入菜面浆卷成长圆形，放入笼内蒸熟即成。

操作要领：
此粑蒸制时间不能太长，蒸好的成品存放也不能太久，不然会发黄，失去它应有的风味特色。

营养特点

本品富含各种维生素和矿物质，尤其富含胡萝卜素与维生素 C，是未经污染的纯天然保健佳品。

什果水晶球

主料：
琼脂、鸡蛋壳、什锦果脯。

调料：
● 白糖适量。

制作方法：
1. 将琼脂先用冷水泡发 1 小时左右。
2. 将锅掺入清水，加入泡发的琼脂熬化，放白糖搅匀，然后装入消毒的鸡蛋壳内，再放入适量果脯，待冷后取出即成。

操作要领：
在熬制时，一定要掌握好水的比例，过老、过嫩都不行。

营养特点

本品主要含碳水化合物、维生素以及钙、镁、铁、锌、磷等矿物质。

腊肉蒸饭

主料：

腊肉、大米。

调料：

● 盐、味精、葱花各适量。

制作方法：

1. 腊肉入锅煮熟，切成小丁；大米入锅煮至断生，打起沥尽水，放入腊肉丁、盐拌匀。

2. 加了腊肉丁的米放入竹笼内蒸熟，放入味精、葱花拌匀即可。

操作要领：

米煮断生即煮至米刚爆开。

营养特点

腊肉具有开胃祛寒、消食等功效。

厨房小知识

先把米在冷水里浸泡 1 个小时，可以让米粒充分地吸收水分，这样蒸出来的米饭会粒粒饱满。

菠萝八宝饭

主料：
菠萝、糯米、百合、莲米、苡仁、大枣、枸杞、什锦蜜饯。

调料：
● 白糖、猪油各适量。

制作方法：

1. 菠萝切去顶盖，将中间挖空待用；莲米、苡仁、大枣、枸杞、百合入碗用温热水浸泡；糯米洗净，入沸水锅煮断生，打起沥尽水，同莲米、苡仁、大枣、枸杞、干百合、白糖、猪油拌匀，酿入菠萝内。

2. 酿好的菠萝上笼旺火蒸熟，起锅装入盘内。

3. 什锦蜜饯用刀切成颗粒状，撒在八宝饭上即可。

操作要领：
也可将挖出的菠萝肉切成颗粒，加在八宝饭里一起蒸。

营养特点

菠萝性平味甘，具有健胃消食、生津解渴、止泻等功效。

厨房小知识

蒸米饭时，米和水的比例应该是 1 ：1.2。有一个特别简单的方法来测量水的量，用食指放入米水里，只要水超出米有食指的第一个关节就可以。

雪媚娘拼绿茶卷

主料:
奶油、糯米粉、西瓜、绿茶粉、澄粉。

调料:
- 白糖适量。

制作方法:
1. 奶油搅拌至起泡时,放入冰箱冷制一下。
2. 澄粉用沸水烫熟,开成皮后包上奶油,放入冰箱冷制。
3. 糯米粉中加入适量的绿茶粉、清水调成糊,放入锅中用小火上推成面皮,凉后一边包入西瓜,另一边包入奶油,用刀切断装盘即可。

操作要领:
摊面皮时注意火候。

营养特点

奶油因脂肪高,是一种高热能的食品,维生素 A 的含量也相应较多。

厨房小知识

糯米粉用水调成的面团,手捏黏性大;大米粉用水调成的面团,手捏黏性小。

牛奶椰子盅

主料：
海南椰子、银耳、牛奶。

调料：
- 冰糖适量。

制作方法：
1. 椰子从蒂部锯开，倒出椰汁，做成椰盅；银耳用清水泡发洗净。
2. 冰糖装入碗内，入锅蒸化后倒入椰盅内。
3. 把银耳、牛奶、椰汁一起倒入椰盅内，蒸至银耳熟软即可。

操作要领：
食用椰子学问很多，椰汁离开椰壳味道则变，上午倒出的椰汁较甜，而下午则较淡。

营养特点

鲜牛奶中富含蛋白质、脂肪、氨基酸、糖类、盐类、钙、磷、铁等各种常量、微量元素以及酶和抗体等，最容易被人体消化吸收。

厨房小知识

银耳的黏稠度跟熬煮的时间是成正比的，熬的时间越长，就越黏稠。

酥梨雪耳

主料:
酥梨、川贝母、银耳。

调料:
● 冰糖适量。

制作方法:
1. 梨洗净,掏空内瓤;川贝母泡发;银耳洗净,发透。
2. 梨盛入川贝母、银耳、冰糖,再将梨放进盅内,上笼蒸制即成。

操作要领:
蒸梨时不盖梨盖,可使蒸汽自然流入。

营养特点
梨味甘性微寒,可清热化痰、生津润燥,治干咳痰少等;银耳性平味甘淡,能益气活血、补脾健心、补肾强精。

凉瓜汤丸

主料:
洗沙馅、糯米粉。

调料:
● 苦瓜汁、椰蓉。

制作方法:
1. 糯米粉加入苦瓜汁揉匀成面团。
2. 揉好的糯米面团搓条下剂,逐一包入洗沙馅,放入笼内蒸熟。
3. 蒸熟的汤丸从笼内取出后,裹匀椰蓉即可。

操作要领:
蒸汤丸时火力不可过大,以免蒸爆裂。

营养特点
苦瓜能降低血液中的胆固醇的浓度,有防止脂肪聚集的作用。

Part 3   外酥里嫩　鲜香可口

招牌川味小吃之

煎品、炸品

火腿胡萝卜土豆饼

主料:
土豆、火腿、胡萝卜。

调料:
● 淀粉、精盐、色拉油、番茄酱各适量。

制作方法:

1. 土豆洗净,煮熟后去皮,趁热压成土豆泥;胡萝卜去皮后用开水烫一下,与火腿分别切末。

2. 土豆泥中加入胡萝卜末、火腿末和少许精盐搅匀,做成2个小汉堡的形状,表面均匀沾上淀粉。

3. 平底锅中下油烧热,放入土豆饼,用小火煎至两面呈黄色时装盘即可,给宝宝食用时可淋上少许番茄酱。

操作要领:
因为土豆已经煮熟,所以煎至稍带颜色即可。薯类食物在幼儿膳食中是非常重要的,特别是土豆,一般的幼儿都喜欢吃,对防止幼儿便秘、挑食有益。

营养特点

土豆是一种营养非常全面的食品,对幼儿的健康发育助益极大,其含有大量淀粉及蛋白质、B族维生素、维生素C、膳食纤维等,能促进脾胃的消化功能,帮助机体排毒。

厨房小知识

锅热后再刷油,锅底温度高,而油这时候是温的,面糊倒入后,既能够让面糊底层迅速凝固,又不会因为油温过高而焦煳,起到不粘锅的作用。

田园南瓜饼

主料：
南瓜、糯米粉。

调料：
● 白糖、植物油各适量。

制作方法：
1. 南瓜去皮、瓤，洗净切片，入锅中蒸熟后压成南瓜泥。
2. 南瓜泥中加入糯米粉、清水，揉成光滑面团，然后下成小剂子，做成南瓜饼生胚。
3. 锅中入油锅烧热，下入南瓜饼生胚炸呈金黄色时捞出，沥油装盘即可。

操作要领：
南瓜泥加入糯米粉后，要反复揉搓，使之和匀。

营养特点
南瓜可补中益气、降血脂、降血糖。

厨房小知识
做煎饼的锅要受热均匀，油不可直接倒在锅子里，可以用纸巾或纱布蘸着油均匀地擦在锅底的每个部分。

油煎南瓜饼

主料:
南瓜、糯米粉、赤小豆豆沙馅。

调料:
● 白糖、植物油各适量。

制作方法:

1.南瓜洗净切块,蒸熟,晾凉后去皮,捣成糊状,加入糯米粉和白糖,搓成粉粒状,铺在笼屉蒸熟,并倒入事先涂匀植物油的盆里,晾凉,搓成条状,揪成剂子。然后将剂子按扁,包入豆沙馅,做成圆饼,即成为南瓜饼坯。

2.平锅放小火上,刷上植物油,放入饼坯,煎至两面呈深黄色即可出锅装盘。

操作要领:
南瓜可以先去皮,再蒸熟,更容易操作。

营养特点

南瓜、糯米和赤小豆中都含有较丰富的锌元素,糯米中还含有维生素 B_{12}。

厨房小知识

煎饼时,油切记要少,抹一层就可以了,油多了面糊随着油到处流,挂不住锅底,不易成形。

南瓜饼

主料：
南瓜、糯米粉、鸡蛋液、面包粉、豆沙馅。

调料：
● 白糖、炼乳、色拉油各适量。

制作方法：
1.南瓜入笼蒸熟，取出后压成泥，装入盆中，加入糯米粉、白糖、炼乳拌匀成南瓜面团。
2.取南瓜面团，逐一包入豆沙馅，制成圆饼状（或南瓜状），涂一层鸡蛋液，粘裹上面包粉。
3.锅内油烧至五成热，下入南瓜饼生坯，浸炸至色泽金黄，且熟透后，捞起沥尽油装入盘中即成。

操作要领：
南瓜一定要蒸透、蒸熟，以免制成泥后有硬团，影响口感。

营养特点
南瓜含有丰富的钴，钴参与人体内维生素 B_{12} 的合成，是人体胰岛细胞所必需的微量元素，对防治糖尿病、降低血糖有特殊的疗效。

厨房小知识
炸南瓜时，一定要控制火候，以免炸煳。

珍珠南瓜饼

主料：

澄粉、糯米粉、老南瓜、豆沙馅。

调料：

● 白糖、精炼油各适量。

制作方法：

1. 南瓜切成片，上笼熟取出，等凉后加入白糖、澄粉、糯米粉和匀。

2. 南瓜面团揪成小剂子，包入豆沙馅，封好口，用模具按出花纹，再下入五成热的精炼油锅中炸熟捞出，装盘即可。

操作要领：

南瓜要去掉外皮，炸制时要掌握好油温，不可炸焦。

营养特点

南瓜含有丰富的钴，在各类蔬菜中含钴量居首位。钴能活跃人体的新陈代谢，促进造血功能。

牛肉焦饼

主料：

牛肉、面粉。

调料：

● 姜、花椒、葱、精盐、醪糟汁、味精、精炼油各适量。

制作方法：

1. 面粉置案板呈"凹"形，用开水烫1/10的面粉后，加入冷水和成面团备用；牛肉去筋剁细；姜、花椒剁细；葱切成葱花备用。

2. 牛肉加入盐、醪糟汁、味精、姜末、花椒末、葱花拌匀成馅；面团揉长掐成块，分别擀成牛舌形，抹上精炼油，放上馅心，面皮交头裹压在底部，制成油丝饼形。

3. 平底锅烧少许精炼油，煎制面饼两面，再加些油，炸熟，且呈金黄色时捞出即成。

操作要领：

和面先烫1/10的面粉；馅味应咸鲜微麻；煎制宜小火，以免焦煳。

葱油饼

主料：
香葱、面粉、酥面。

调料：
● 化猪油、精盐、味精、精炼油各适量。

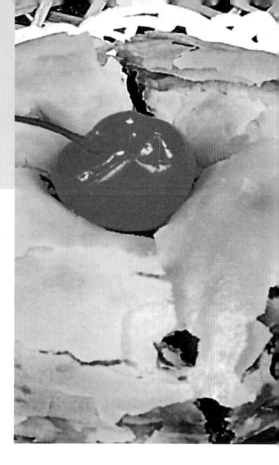

制作方法：
1. 香葱切成葱花备用。
2. 面粉加入适量的清水，和成面团并擀成面皮，然后抹一层酥面，卷成筒和匀，再将其擀成长方形。
3. 将葱花放在混合面皮上，加上适量的精盐、味精、化猪油，然后将其卷成饼状，入油锅炸呈两面金黄即成。

操作要领：
炸宜用七成油温；葱花包入饼中，宜适量。

营养特点
面粉含碳水化合物、脂肪、蛋白质等成分；葱不仅含丰富的营养素，而且可以将蛋白质分解，从而大大提高蛋白质的吸收率。

生烙玉米饼

主料：
松仁、鹰粟粉、鸡蛋、松仁、鹰粟粉、鸡蛋、鲜玉米粒。

调料：
● 精盐、味精、黄油、葱油、葱花各适量。

制作方法：
1. 沸水调味，放入玉米粒余熟；松仁入油锅炸熟。
2. 玉米粒加入鹰粟粉、松仁、鸡蛋、盐、味精、葱花、葱油拌匀，舀入放有黄油的锅中，烙成饼，待熟取出，改刀装盘。

操作要领：
饼料要干稀适度，烙饼要用文火。

营养特点
玉米含核黄素、尼克酸、维生素、碳水化合物、铁、钙、磷等，中医认为其味甘性平，可调中健胃、利尿、利胆、降血压、降血脂。

土豆薄饼

主料：

面粉、土豆。

调料：

● 精盐、味精各适量。

制作方法：

1.土豆去皮切细丝，用开水氽一下，沥去水分。

2.将面粉放入盆内，加入适量盐、味精、清水，搅成稀糊面浆；将土豆丝放入面浆中搅拌均匀。

3.用平锅放入少许油烧热，将面浆舀入锅里煎成薄饼状即成。

操作要领：

煎饼时火不能太大，土豆丝不能切得太粗，这样制作的薄饼口感才好。

营养特点

常食本点可健脾补气、固肾除湿、温养肌肤、益气力强筋骨。

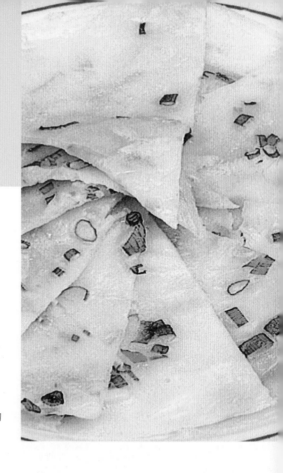

肉馅黄金饼

主料：

自发面粉、猪碎肉、火腿肠、豌豆、芝麻。

调料：

● 盐、胡椒、料酒、味精、香油、炼乳、白糖、色拉油各适量。

制作方法：

1.自发面粉放入盆内，加入炼乳、白糖、清水和适量色拉油拌匀，揉制成面团，放置20分钟待其发酵。火腿肠切成小丁；豌豆入沸水锅煮熟。

2.猪碎肉入锅加料酒、色拉油炒干水气，放入火腿肠、豌豆，调入盐、胡椒、味精炒匀，淋入适量香油起锅晾凉。面团搓条、下剂，包入制好的馅制作成圆饼，在其表面刷上适量清水，粘上芝麻，上笼蒸熟待用。

3.锅内放入色拉油烧热，放入蒸好的面饼，炸至表面色泽金黄、芝麻味香，打起，改刀成块装入盘内即可。

野菜香煎饼

主料:

清明菜、吉士粉、糯米粉、面粉、鱼腥草。

调料:

● 白糖、豆粉、精炼油各适量。

制作方法:

1. 将鱼腥草洗净切细碎；把糯米粉、吉士粉加白糖、水调成粉浆，再加入清明菜、鱼腥草调匀。

2. 将锅坐灶上，加入少许油，把粉浆舀在锅中，煎成小薄饼，起锅装盘即成。

操作要领:

粉浆不宜太稀，煎时应起金黄色。

营养特点

鱼腥草主要成分为鱼腥草素。通过实验将鱼腥草用于小鼠艾氏腹水癌，有明显抑制作用，对癌细胞有丝分裂最高抑制率为 45.7%，可防治胃癌、贲门癌、肺癌等。

山药酥饼

主料:

腰果、鲜山药、面粉。

调料:

● 猪油、芝麻、精盐、味精各适量。

制作方法:

1. 山药去皮洗净、蒸熟，压成泥；腰果制成碎粒。

2. 把山药、腰果、芝麻、精盐、味精、猪油拌匀，制成馅心。

3. 用面粉分别和成油面、油水面，然后将两种面团揉合在一起，制成大包酥面团，下剂；剂子包入馅心，用模具做成饼，入烤箱，待烤至饼熟且皮酥黄即成。

操作要领:

山药选用上好白净为宜，以免成品味涩麻；和酥面团时，一定要掌握好，避免烂酥的情况出现。

红薯饼

主料：
红薯、糯米粉。

调料：
● 白糖、精炼油各适量。

制作方法：
1. 红薯洗净放沸水蒸锅架上，用中大火蒸熟取出，趁热用汤匙压成泥。
2. 红薯泥中放入糯米粉、白糖、清水，充分揉匀后出剂子，再将剂子搓成丸子，用双掌拍打成饼状，即成红薯饼生坯。
3. 锅中放油烧八成热，放入红薯饼生坯，用中火炸8分钟捞出，控出油后粘裹上一层白糖，装盘即可。

操作要领：
炸的过程中要注意控制好油温，切忌炸焦。

营养特点

红薯含有丰富的赖氨酸，还含有一种类似雌性激素的物质，对保护人体皮肤、延缓衰老有一定的作用。

厨房小知识

如何判断一面是否已经煎熟了呢？端起锅子轻轻晃动，煎饼和锅底如果能很轻松地分离，就说明一面煎熟了。这个时候再用锅铲翻面，就不会翻破了。

腐乳煎饼

主料：
发酵面团、红豆腐乳。

调料：
● 葱末、花生油各适量。

制作方法：
1. 将发酵面团擀成大薄片，抹上红豆腐乳后对折。
2. 将对折的面片擀开，撒上葱末，卷成饼状，轻轻擀一下，饧发好后上笼蒸熟，取出。
3. 平锅内倒入花生油烧熟，放入腐乳饼煎成金黄色即可。

操作要领：
腐乳不要放得太多，以免味道过咸。

营养特点

腐乳所含成分与豆腐相近，具有开胃、消食、调中等功效。

厨房小知识

煎饼时最好选用平底锅，随着锅子的转动，面糊容易摊得厚薄均匀。

牛肉煎饼

主料:
面粉、鸡蛋液、牛肉。

调料:
● 盐、酱油、淀粉、食用油、生姜各适量。

制作方法:
1. 牛肉洗净,剁成末;生姜洗净,切成细末。
2. 牛肉末放入碗内,加入面粉、姜末、淀粉、鸡蛋液、盐、酱油和适量清水搅匀,做成饼状。
3. 油锅烧热,放入牛肉饼煎至两面金黄色后捞出即可。

操作要领:
煎炸时油不能过多,原料下锅不粘锅即可。

营养特点

牛肉富含蛋白质,氨基酸组成比猪肉更接近人体需要,能提高机体抗病能力,对生长发育及术后、病后调养的人在补充失血、修复组织等方面特别适宜。

香煎玉米饼

主料:
澄面、糯米粉、玉米、马蹄、胡萝卜、猪肉。

调料:
● 盐、生油、香油、糖、淀粉、食用油各适量。

制作方法:
1. 清水煮开,加入澄面、糯米粉。
2. 烫熟之后倒在案板上。
3. 然后搓匀至面团纯滑。
4. 面团搓成长条状,切成小段并压薄。
5. 所有馅料切碎,加入调料拌匀。
6. 用薄皮将馅包入。
7. 将口收紧捏实。
8. 蒸熟取出,用油煎成浅金黄色即可。

操作要领:
煎饼时油温不超过七分热。

野菜煎饼

主料:

面粉、地瓜粉、鸡蛋液、苋菜、红椒。

调料:

● 盐、胡椒粉、葱、食用油各适量。

制作方法:

1. 葱洗净切末;苋菜、红椒洗净切碎。
2. 面粉、地瓜粉、鸡蛋液加入盐、胡椒粉、清水拌匀,放入葱、苋菜、红椒搅匀成野菜面糊。
3. 油锅烧热,放入野菜面糊煎至两面金黄色,取出分切成块即可。

操作要领:

选用各种野菜都可以。

营养特点

苋菜叶富含易被人体吸收的钙质,对牙齿和骨骼的生长可起到促进作用,并能维持正常的心肌活动,防止肌肉痉挛。

黑芝麻酥饼

主料:

水油皮、油酥、黑芝麻各适量。

调料:

● 糖粉、食用油各适量。

制作方法:

1. 水油皮、油酥均擀成薄片,将油酥放在水油皮上卷好,下成小剂子,按扁成酥皮。
2. 在酥皮上放入芝麻、糖粉后包好,按成饼形,在两面沾上黑芝麻。
3. 煎锅上火,加油烧热,下入芝麻饼坯煎至两面金黄色即可。

操作要领:

注意火候,否则易出现裂口。

营养特点

黑芝麻药食两用,具有补肝肾、滋五脏、益精血、润肠燥等功效,被视为滋补圣品。

黄金大饼

主料:

自发面粉、豆沙馅、芝麻。

调料:

● 炼乳、白糖、色拉油各适量。

制作方法:

1.自发面粉放入盆内,加入炼乳、白糖、清水和适量色拉油拌匀,揉制成面团,放置20分钟待其发酵。

2.面团搓条、下剂,包入豆沙馅制作成圆饼,在其表面刷上适量清水,粘上芝麻,上笼蒸熟待用。

3.锅内放入色拉油烧热,放入蒸好的面饼,炸至表面色泽金黄、芝麻味香,打起,改刀成块装入盘内即可。

操作要领:

没有自发面粉可以用普通面粉加适量酵母揉成面团。

营养特点

豆沙具有提高免疫力、安神除烦、补充能量的功效。

火葱锅饼

主料:

火腿粒、香葱、鸡蛋、面粉。

调料:

● 精盐、香油、精炼油各适量。

制作方法:

1.面粉、鸡蛋加入凉水调成稀糊状,火腿、香葱切成小粒,拌入调味料,制成馅心。

2.将锅加热,加入少量的油,舀入一勺面糊,摊成圆形,加馅心后,将边折向中心呈方形。锅置火上,放少许油,饼两面煎至黄色,然后加入热油炸至酥脆即成。

操作要领:

面糊调均匀,不要有小颗粒。

营养特点

香葱含有钾、钠、胡萝卜素等成分,具有祛风、发汗、解毒等功效。

韭菜煎饼

主料：
鸡蛋、春卷皮、韭菜、猪肥瘦肉。

调料：
● 姜米、葱花、精盐、味精、鸡精、料酒、水豆粉各适量。

制作方法：
1. 韭菜洗净，切成碎花待用。猪肥瘦肉用刀剁细加调料，打成肉酱，再加韭菜，即成韭菜肉馅。
2. 春卷皮摊开，上面放韭菜肉馅，对叠入三成油温炸呈金黄色即成。

操作要领：
馅要打好；对叠时手要平；油温掌握好。

营养特点
此菜脂肪丰富，并含一定量蛋白质，是进补佳品。

马蹄玉米酪

主料：
甜玉米粒、马蹄、青红椒。

调料：
● 白糖、干细淀粉、色拉油各适量。

制作方法：
1. 马蹄、青红椒分别切成颗；甜玉米粒入沸水锅煮熟，打起扑上适量干细淀粉。
2. 平底锅内烧油至五成热，撒入玉米粒和马蹄、青红椒，煎至色黄，翻面继续煎香，起锅装入盘内，撒上白糖即成。

操作要领：
注意玉米粒不要在锅中堆得过厚，以免煎不透。

营养特点
玉米中的植物纤维素能加速致癌物质和其他毒物的排出。

芝麻煎饼

主料:
黑芝麻、面粉、猪瘦肉。

调料:
● 食盐、植物油各适量。

制作方法:
1. 猪瘦肉洗净，剁成肉末，加入食盐调好味。
2. 面粉中加入猪肉末、食盐、清水和匀成面团，做成饼状，再均匀地裹上黑芝麻，入油锅中煎熟即可。

操作要领:
面粉团要和得干稀适度；黑芝麻沾裹要均匀。

营养特点
常吃煎饼有益牙齿健康、肠胃健康。

厨房小知识
可以在面糊中尝试着加点鸡蛋，也会使煎饼更筋道。

红薯豆沙饼

主料：
面粉、赤小豆、烤红薯。

调料：
● 白糖、奶油、奶粉、植物油各适量。

操作要领：
夏季发面时间较短。

营养特点

红薯中蛋白质质量高，可弥补米面的营养缺失，可提高人体对主食营养的利用率。

厨房小知识

面粉的筋度越高，做出的煎饼就越筋道。

制作方法：

1. 将赤小豆洗净浸泡约 1 小时，沥干后放入锅中。分三次加入水（每次的水量需盖过赤小豆），先加入第一次水，用小火煮至水分快收干，再加入第二次水、第三次水，煮至赤小豆熟软，细致收干水分。趁热加入白糖拌匀，放凉后过筛即成赤小豆沙。

2. 将烤至熟软的红薯去皮后压成泥，加入面粉、白糖、奶油、奶粉和少许水揉成团状，分割成 8~10 等份备用。

3. 取一块红薯面团，用手掌压扁，包入赤小豆沙馅，收口捏紧后稍压成扁圆形，依法做完后，将红薯豆沙饼放入平底锅中，用少许油煎至酥黄成熟即成。

千层饼

主料：

面粉、酵母。

调料：

● 豆油、碱、食用油各适量。

制作方法：

1. 面粉倒在案板上，加入酵母、温水和成发酵面团。待酵面发起，加入碱液揉匀。
2. 面团搓成条，揪成若干面剂，搓成长条，擀成长方形面片，刷上豆油，撒上干面粉后叠起。
3. 把剂子两端分别包严，擀成宽椭圆形饼，煎至两面金黄色，取出切成菱形块即可。

操作要领：

把折好的面擀开再进行两次对折，层数更多。

营养特点

面粉中所含营养物质主要是淀粉，其次还有蛋白质、脂肪、维生素、矿物质等。

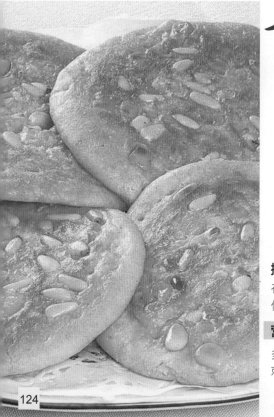

松仁玉米饼

主料：

玉米粉、松仁、鸡蛋清。

调料：

● 炼乳、淀粉、食用油各适量。

制作方法：

1. 将玉米粉加水调好，静置待用。
2. 将调好的玉米粉、炼乳、鸡蛋清、淀粉混合搅匀；松仁过油炸至微黄。
3. 锅中涂油，均匀摊上玉米粉团，撒上松仁，煎至两面微黄即可。

操作要领：

在搅面糊时一定要顺着一个方向进行搅动，这样可以使面糊上劲。

营养特点

多吃玉米能抑制抗癌药物对人体的副作用，而且可以刺激大脑细胞，增强人的记忆力。

奶黄西米球

主料：
糯米粉、黄油、鸡蛋、牛奶、西米、吉士粉。

调料
● 猪油、白糖各适量。

制作方法：
1. 糯米粉加入猪油、白糖、开水揉成面团；黄油软化，加入白糖、鸡蛋、牛奶、吉士粉拌匀，隔水蒸好制成奶黄馅；西米用温水泡发至透明状。
2. 面团搓成条，摘剂子按扁，包入馅料，搓成球形，裹上西米，蒸熟即可。

操作要领：
粉浆不宜太稀，煎时应成金黄色。

营养特点
糯米含有维生素 B_1、维生素 B_2、蛋白质、脂肪、糖类、钙、磷、铁、烟酸及淀粉等，营养丰富，为温补强壮食品。

奶黄三角球

主料：
吉士粉、奶黄馅、黑芝麻、面粉、糯米粉。

调料：
● 白糖、猪油、精炼油各适量。

制作方法：
1. 糯米粉倒入盆中，加白糖、清水、面粉、吉士粉和匀，再加入猪油揉成面团。
2. 面团下剂，包入奶黄馅，做成三角形状，粘上黑芝麻，入油锅中炸呈金黄色捞起，装盘即成。

操作要领：
炸三角球，注意控制好油温。

营养特点
该点心含蛋白质、糖类等营养成分，具有滋阴润燥、健脾养心等功效。

豆沙吐司夹

主料：
豆沙馅、吐司、鸡蛋液。

调料：
● 色拉油。

制作方法：
1.吐司两片平铺于案板上，将豆沙馅抹于吐司上，再将另两片吐司分别盖于其上，用刀从中间分别切开成4块。
2.炒锅上火，烧油至五成热，将做好的吐司夹放入蛋液内裹匀蛋液，下入锅中炸至色泽金黄，打起沥尽油，装入盘内即可。

操作要领：
注意豆沙馅不可抹得过厚。

营养特点
豆沙适宜于头晕、乏力、易倦、耳鸣、眼花之人。

厨房小知识
油炸时先用大火定型，再转小火慢炸。如果油温偏高，油会氧化产生异味，这时可将食物捞出，等油温略降再继续炸。

卤味生菜夹

主料：
蛋清、生菜、猪耳、五花猪肉、澄粉。

调料：
● 潮州卤水、泡打粉、精炼油各适量。

制作方法：

1.猪耳、五花猪肉刮洗干净，刮去残毛，入潮州卤水中卤熟，剁成黄豆大小的颗粒，加少许卤水，吃好味，做成卤味馅。

2.澄粉加水、泡打粉、蛋清搅匀，出剂子，压成面饼生坯，再入四成热油锅中炸至面饼膨胀酥香。

3.将面饼用刀环形切开（不切断），放入切好的生菜垫底，装入卤味馅，摆盘即可。

操作要领：
猪耳、五花猪肉一定要卤熟糯；炸面饼时，一定要炸至中空。

营养特点
猪耳、五花猪肉含蛋白质、脂肪、碳水化合物、铁、钙、磷、锌等；澄粉含核黄素、尼克酸、维生素等。此菜可滋阴润燥、补气、结实肌肉、助五脏。

厨房小知识
油炸食物有时会被炸得颜色焦黑或外焦内生，可能是因为油温过低。

127

翡翠生煎包

主料：
皮冻、猪碎肉、自发面粉。

调料：
● 菠菜汁、姜米、盐、料酒、味精、香油、葱花各适量。

制作方法：
1. 猪碎肉入盆，加姜米、盐、料酒、味精、皮冻、葱花，拌匀成馅料。自发面粉、菠菜汁入盆，加入清水揉匀成面团，放置30分钟。
2. 面团分成小块，擀成圆形皮张，逐一包入馅料制成包子。
3. 平底锅烧油至四成热，放入包子将底部煎黄，掺入适量清水，盖上盖转小火焖至锅内水分干，起锅装入盘中，撒上葱花即可。

操作要领：
煎制时要控制好火力，以免底糊内不熟。

京葱煎包

主料：
面粉、猪肉末、发酵粉。

调料：
● 葱花、精盐、味精、鸡精、精炼油各适量。

制作方法：
1. 面粉加入清水、发酵粉和匀成面团；用猪肉末、葱花、精盐、味精、鸡精调成馅料。
2. 面团出剂子，擀成包子皮，再包入肉馅，发酵后上蒸柜，蒸至成熟时取出。
3. 不粘锅中加入少许精炼油烧热，放入蒸好的包子煎至底部成金黄色时，铲入盘中即可。

操作要领：
包子大小要均匀；蒸制时一次蒸成。

营养特点
猪肉有润肠胃、生津液、补肾气、解热毒的功效。

糯米煎包

主料：

鸡蛋、香菇、糯米饭、面粉、泡打粉、猪肉末。

调料：

● 精盐、味精、鸡精、胡椒粉、料酒、精炼油各适量。

制作方法：

1. 面粉加入泡打粉、清水，揉成面团；香菇洗净剁细，与猪肉末混合一起，再加入精盐、味精、鸡精、胡椒粉、料酒、鸡蛋液拌匀成馅料。

2. 面团出剂子，擀成面皮，包入馅料成包子生坯，上笼蒸熟透取出，再放入撒有糯米饭的不粘锅上煎香，装盘即可。

操作要领：

面团要和得干稀适当；包子大小要做得均匀。

营养特点

糯米可起到补中益气、养胃健脾、固表止汗等功效。

羊肉烤包子

主料：

面粉、羊肉。

调料：

● 洋葱、精盐、味精、孜然粉、胡椒粉、料酒、油各适量。

制作方法：

1. 面粉掺水和匀，揉成面团，饧10分钟，再反复揉搓，擀成大片，叠层用刀切成巴掌大长方形。

2. 洋葱剥皮切碎，羊肉洗净切丁，调入盐、料酒拌匀，撒入胡椒粉、孜然粉、味精制成羊肉馅。拿薄面皮，包入肉馅卷起，两端封口对折，反扣于面板上，一一排好，底部洒盐水及油放入烤盘，入烤箱烤至皮酥发黄时取出即可。

操作要领：

包子皮要稍微软一些，吃的时候口感才好。

辣鸡汉堡

主料：

鸡脯肉、小面包、生菜叶、青红椒、洋葱。

调料：

● a料：盐、胡椒、姜葱汁、料酒；
● 面包粉、蛋液、面粉、泡椒茸、青红椒粒、辣椒仔、盐、白糖、白醋、鲜汤、水淀粉、色拉油。

制作方法：

1.鸡脯肉入盆，加a料拌匀，码味20分钟，取出依次裹上面粉、蛋液、面包粉；小面包片开成上下两半，中间夹入生菜叶，围摆于盘内；青红椒、洋葱分别切成丝。

2.色拉油入锅烧热，投入青红椒、洋葱，调入盐、味精炒断生，起锅装入盘内垫底。

3.裹好面包粉的鸡脯入热油锅炸至酥香，捞起改刀成条，放入盘内青红椒丝上。

4.泡椒茸入热油锅炒香，掺入鲜汤，调入辣椒仔、盐、白糖、白醋，用水淀粉收浓芡汁，起锅淋在鸡肉上，撒上青红椒粒。

香葱锅摊

主料：

面粉。

调料：

● 香葱、味精、精盐、鸡精、鸡蛋液、红椒粒、葱油各适量。

制作方法：

香葱切成花，加入面粉、味精、精盐、鸡精、鸡蛋液、红椒粒、清水调成面糊，再倒入平锅中用葱油煎熟即可。

操作要领：

煎时用油不要太多。

营养特点

葱的挥发油等有效成分具有刺激身体汗腺、发汗散热的作用；葱油可刺激上呼吸道，使黏痰易于咯出。

山药野菜锅摊

主料:
山药粉、野菜、面粉。

调料:
● 鸡蛋液、精盐、味精、精炼油各适量。

制作方法:
1. 野菜洗干净，切碎，放入盆中，加入山药粉、蛋液、面粉、精盐、味精、清水调制成糊状。
2. 煎锅置火上，加少许精炼油烧热，倒入面糊，摊成薄饼，待饼两面煎成酥黄时取出改刀，装盘即成。

操作要领:
煎锅摊时，应选用小火煎熟，然后加油用中火煎香，这样才能达到皮香酥、内软糯的效果。

营养特点

野菜含叶绿素、维生素等，几者合制成食品，具有健脾、和胃、清热、解毒等食疗作用。

酥油苞谷粑

主料:
酥油、鲜玉米、鸡蛋、面粉。

调料:
● 白糖、精炼油各适量。

制作方法:
1. 酥油入锅中熬化、炼香，去掉渣；鲜玉米用机器打碎。
2. 炼制好的酥油加入鸡蛋液、面粉、玉米粉、白糖、清水调成稠糊，用平底煎锅煎成饼坯。
3. 锅内放入精炼油，烧至六七成热，投入玉米饼坯炸，待饼呈金黄且香时，捞出改刀装盘即成。

操作要领:
调苞谷糊时，干稀度宜掌握好；酥油一定要炼香，加入苞谷粉中宜适量。

营养特点

酥油富含脂肪等，玉米含蛋白质、糖类、矿物质等。该品营养价值很高，有温中、健脾、和胃等功效。

香甜糯糍粑

主料：
糯米、黄豆面、鸡蛋。

调料：
● 白糖、精炼油各适量。

制作方法：
1. 将糯米蒸熟，用木棒捶茸，放入钢盘入冰箱冷藏。
2. 鸡蛋调散，将糍粑粘上鸡蛋入油锅炸成金黄色，起锅装盘，配上黄豆面、白糖即成。

操作要领：
糍粑要细、茸、成形，油炸不宜太过。

营养特点
本品含丰富蛋白质、维生素，滋阴补肾。

凉糍粑

主料：
糯米粉、豆沙馅。

调料：
● 黄豆面、白糖各适量。

制作方法：
糯米粉加入清水和成湿面团，下剂子包入豆沙馅，搓成小长条形，上笼蒸熟后，配黄豆面、白糖碟上桌即成。

操作要领：
在蒸时应注意掌握好时间，根据制品的分量确定蒸的时间，如时间过长，就会有下塌的现象。所以要注意火候和时间，避免造成质量问题。

营养特点
糯米、黄豆、豆沙都含有较多的植物性蛋白质，也含有脂肪、钙、磷、镁、核黄素等，都是常用的食补佳品，具有益中补血的功效。

雪蛤香芋挞

主料：

酥皮、香芋。

调料：

● 白糖、炼乳、雪蛤油各适量。

制作方法：

1.香芋去皮蒸熟，压成泥，调入雪蛤油、白糖、炼乳拌匀。

2.将拌好的香芋泥包入酥皮中做成挞，放入烤箱烤6分钟即可。

操作要领：

在烤制香芋挞时，烤箱温度一定要控制好。

营养特点

香芋含有较多的粗蛋白、淀粉、聚糖（黏液质）、粗纤维和糖，蛋白质的含量比一般的高蛋白植物如大豆等都要高。

香酥雪梨果

主料：

糯米粉、澄粉、土豆丝、白芝麻、黑芝麻馅。

调料：

● 白糖、猪油、精炼油各适量。

制作方法：

1.澄粉加沸水烫熟，倒入糯米粉、白糖、猪油、清水搅拌，待和匀后下剂，剂子包入黑芝麻馅，搓成雪梨形，然后粘裹白芝麻，插上准备好的土豆丝成梨蒂，制成雪梨果生坯。

2.锅加油烧热，放入雪梨果生坯浸炸，待雪梨果浮出油面呈金黄色即可。

操作要领：

面团和均匀，干稀要适度；炸雪梨果宜用低油温。

营养特点

糯米含尼克酸、硫胺素、碳水化合物、蛋白质、脂肪、维生素E、铁、钙、磷等营养成分。

糖酥麻花

主料:
面粉、酵面、碱。

调料:
● 白糖、植物油各适量。

制作方法:
1.糖、碱入水中化开,与酵面拌成稀面糊,掺植物油搅匀和入面粉内,反复揉光分成5份,压平抹油分成剂子。
2.将剂子逐个搓成细条,用湿布捂盖15分钟,取出一条捏两端向相反的方向拧,折合两股一拧,再伸长反复折成四股捏紧。锅内放油烧热,逐一将生麻花放入,炸至皮黄捞出即成。

操作要领:
细条的长度和粗细要均匀,上劲要够力度,这样才能出麻花的感觉。油炸时要均匀上色。

营养特点
麻花的营养成分主要有碳水化合物、脂肪、蛋白质等,属油脂类、高热量食品,不宜多食。

厨房小知识
想要麻花更甜,可以在炸好麻花后,捞起沥干油,趁热沾裹上细砂糖。

翡翠饺子

主料:

猪碎肉、韭菜、面粉。

调料:

● a料: 盐、胡椒、料酒、蛋液、清水、水淀粉、姜米;

● 色拉油适量。

制作方法:

1.韭菜切细花,与猪碎肉入盆,加a料拌匀成馅料;面粉、盐入盆,掺入沸水将面烫熟,揉匀成团。

2.将面团搓条下剂,擀制成圆形皮张,逐一包入馅料。

3.包好馅料的饺子上笼蒸熟,取出入平底油锅,将底部和顶部煎至金黄、味香即可。

操作要领:

饺子皮不宜太厚,以免看不到韭菜的翠绿色。

营养特点

韭菜适用于跌打损伤、反胃、肠炎、吐血、胸痛等症。

厨房小知识

煮饺子时,饺子皮和馅中的水溶性营养素除因受热损失小部分之外,大部分都溶解在汤里,所以,吃水饺最好把汤也喝掉。

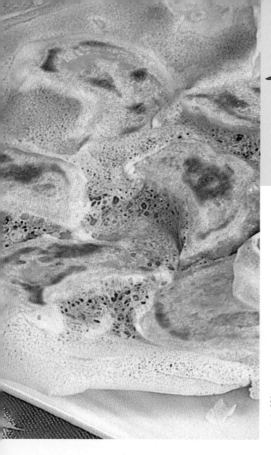

银杏锅贴

主料：

粉丝、鸡蛋、面粉、韭菜。

调料：

● 热汤、精盐、味精、香油、猪油各适量。

制作方法：

1. 面粉加入热汤，和匀成三生面，再制成大枣大小的剂子；粉丝浸水泡制；韭菜切成小粒，加盐去掉部分水分。

2. 鸡蛋磕入盆中，加入盐、味精炒熟，放粉丝、韭菜粒、香油、猪油、盐、味精调匀，制成咸鲜味馅心。

3. 用剂子制成圆皮后，包入韭菜馅心并封好口。

4. 将包好的饺子放入不粘锅内，倒入稀面浆，盖上盖子，煎至底部呈金黄且熟即可。

操作要领：

煎制时，不宜煎得太久。

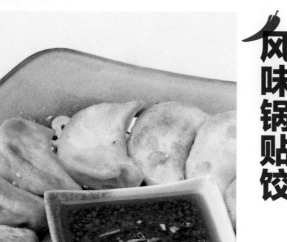

风味锅贴饺

主料：

面粉、肥瘦猪肉。

调料：

● 菜油、鸡汤、酱油、白糖、胡椒面、味精、姜汁水、葱、盐各适量。

制作方法：

1. 肥瘦肉剁茸，放入盆内，加葱末、味精、白糖、胡椒面、姜汁水、盐、酱油拌匀揉起劲，然后分次加入鸡汤制成馅料。

2. 面粉加入沸水，烫熟制成面团，然后搓条、下剂，擀成中间厚边沿薄的圆形皮张，包上馅心，制成饺子。

3. 平锅置文火上，淋入少许菜油，放入饺子煎制，待底部呈浅黄色时，在锅的中间加入少许的清水，加盖煎制，当水无炸裂声时，再加入少许水，直到制品发出馅心的香味，饺底金黄，表面光亮时即可。

翡翠锅贴

主料：

青笋、火腿、冬笋、面浆、澄粉、肉末。

调料：

● 菠菜汁适量。

制作方法：

1. 澄粉烫熟，加菠菜汁揉搓制成烫面团；青笋、火腿、冬笋切粒。
2. 锅置火上，倒少许油烧热，放肉末、青笋粒、火腿粒、冬笋粒炒香，制成肉馅。
3. 取面团下剂，擀成面皮，包入肉馅呈月牙状，然后粘面浆下平底锅煎，等饺底部呈金黄色即可。

操作要领：

煎饺过程中，可洒入一定的鲜汤。

营养特点

营养丰富，有滋阴润燥、补气养血的功效。

椒盐炸饺

主料：

饺子。

调料：

● 花椒、精盐、植物油各适量。

制作方法：

1. 将饺子煮六成熟捞出，沥干水分；花椒放炒勺内煸香，擀成粉，同盐掺匀，制成椒盐。
2. 煎锅内淋入植物油，将饺子逐一摆入，炸至表皮焦黄，撒上椒盐装盘即成。

操作要领：

油不能过高，把握油温。

营养特点

花椒味辛、性热，归脾、胃经，有开胃作用。

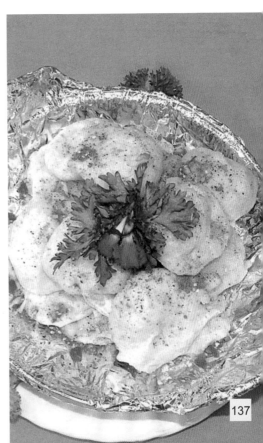

玉米糕

主料:

熟玉米粉、生玉米粉、糯米粉、新鲜玉米粉、吉士粉、奶粉、面包糠、鸡蛋。

调料:

● 白糖、植物油各适量。

制作方法:

1. 糯米粉、生玉米粉、熟玉米粉、吉士粉、奶粉、白糖加水调成稀糊状,然后加入玉米粒放在方盘内成形。

2. 将成形的玉米取出,切片,滚蛋液,再粘面包糠,制成玉米糕生坯。

3. 锅置火上,加油烧热,入玉米糕生坯炸呈金黄色即成。

操作要领:

稀糊要调得适度,不宜过稀;玉米糕炸成金黄且熟即可。

营养特点

该品有开胃、宁心、益肺之功效。

鱼翅黄金糕

主料:

木薯淀粉、鸡蛋、椰浆、黄油。

调料:

● 白糖、酵母、盐各适量。

制作方法:

1. 酵母加少量温水搅拌匀备用。黄油入锅小火熬化,放入椰浆、白糖,待糖化后,晾凉加入木薯淀粉和酵母水。

2. 鸡蛋用搅拌器搅打成泡状,倒入调好的木薯淀粉浆拌匀,装于盘内发酵90分钟。

3. 烤箱烧至200℃,放入调好的浆,烤15~20分钟即可。

操作要领:

注意酵母的用量,如果过多,发酵时间则相应减少。

营养特点

木薯淀粉具有消肿解毒的作用。

春卷

主料：
韭黄、蛋清、春卷皮、猪肥瘦肉。

调料：
● 盐、胡椒、料酒、姜丝、味精、香油、淀粉、色拉油各适量。

制作方法：
1.猪肉切丝，加盐、蛋清、淀粉拌匀，入热油锅滑散，滗去油，下切段的韭黄，放盐、胡椒、料酒、姜丝、味精、香油炒匀，起锅晾凉。
2.将炒好的肉丝放入春卷皮包裹好，用蛋清、淀粉封口，入五成热油锅炸至皮金黄酥脆即可。

操作要领：
猪肉丝滑油时掌握好油温，一般四成左右为好，以免油温过高肉质变老。

营养特点
猪肉具有润肠胃、生津液、补肾气、解热毒的功效。

三丝春卷家

主料：
春卷皮、白萝卜、胡萝卜、青笋、生菜。

调料：
● 精盐、味精、生抽、辣椒油、甜面酱各适量。

制作方法：
1.白萝卜、胡萝卜、青笋洗净，去皮切成丝，用精盐码味后冲尽，沥干；用辣椒油、味精、生抽调成辣椒油味碟。
2.春卷皮包入三丝，装入垫有生菜的盘中，伴辣椒油味碟、甜面酱味碟上桌即可。

操作要领：
三丝要沥干水分；春卷皮包入三丝要均匀。

营养特点
春卷含有蛋白质、脂肪、碳水化合物、少量维生素及钙、钾、镁、硒等矿物质。

脆皮三丝春卷

主料：
春卷皮、芋头、猪肉、韭黄。

调料：
● 盐、糖、食用油各适量。

制作方法：
1. 猪肉、芋头切粒，加入糖、盐拌匀。
2. 然后加入切成小段的韭黄。
3. 拌至完全均匀，备用。
4. 将春卷皮裁切成长方形。
5. 加入馅料。
6. 将两头对折。
7. 再将另外两边折起来。
8. 馅包紧后成方块形，用油煎熟透即可。

操作要领：
春卷拌馅的过程中加些面粉。

营养特点
芋头中的氟含量很高，具有洁齿防龋的作用。

厨房小知识
包春卷时一定不能外露，以免炸时爆锅。

鲮鱼角

主料：

鲮鱼茸、腊肠末、水发虾米、水发橙皮末、即用面皮。

调料：

● 盐、砂糖、生粉、色拉油各适量。

制作方法：

1. 鲮鱼茸中加入盐、砂糖、水、虾米。
2. 放入腊肠末、橙皮末、色拉油、生粉拌匀成馅。
3. 馅放在面皮上，盖上另一张面皮捏紧，放入蒸笼。
4. 蒸笼放入蒸锅，蒸 3 分钟至熟，取出鲮鱼角。
5. 用油起锅，放入鲮鱼角，煎至金黄色。
6. 取出煎好的鲮鱼角即可。

操作要领：

煎的时候要用中小火。

营养特点

鲮鱼富含维生素 A，可以预防夜盲症和视力减退。

厨房小知识

如果自己和面，面要和的略硬一点，和好后放在盆里盖严密封，饧 10~15 分钟，等面中麦胶蛋白吸水膨胀，充分形成面筋后再包饺子。

双仁肉麻圆

主料：

瘦肉、菜心、黑白芝麻。

调料：

● 生姜、花生油、盐、味精、白糖、湿生粉、麻油各适量。

制作方法：

1.瘦肉剁成泥；生姜去皮切成米；菜心去老叶洗净，用开水烫熟待用。

2.瘦肉泥调入少许盐、味精、湿生粉、姜米打至起胶，做成肉丸，逐个粘上黑、白芝麻，摆入碟内。

3.蒸笼烧开水，摆入肉丸用中火蒸9分钟，拿出摆入烫熟的菜心，另烧锅下油，注入清汤少许，调入剩下的盐、味精、白糖烧开，用湿生粉勾芡，淋入麻油，浇到蒸好的肉丸上即成。

操作要领：

瘦肉不能有筋，要多打，肉丸才会脆嫩鲜滑，蒸的时间要适中。

炸元宵

主料：

小豆、江米粉。

调料：

● 白糖、蜂蜜、菜籽油、面粉、色拉油各适量。

制作方法：

1.将小豆淘洗干净，煮烂去皮沥水分，放入油锅内炒至水干成沙时出锅，拌入白糖、面粉、蜂蜜水，制成馅心。

2.江米粉放入盆内，将馅心蘸水后倒入，不停摇动，边蘸水边摇，使之滚成大小均匀的丸子，江米粉粘净为止，然后放入热油锅中，炸至外皮焦黄裂口即可。

操作要领：

可在元宵上面用针扎小孔以免崩锅。

营养特点

糯米有收涩作用，对尿频、盗汗有较好的食疗效果。

飘香椰黄卷

主料：

豆沙、糯米粉、椰蓉、澄粉、椰蓉粉。

调料：

● 白糖适量。

制作方法：

1. 糯米粉倒入搅拌机内，加入澄粉、椰蓉、白糖、清水和成面团。

2. 面团出剂子，包上豆沙成形，上笼蒸5分钟，撒上椰茸装盘便可。

操作要领：

加白糖时不能太少，蒸的时间不宜太长。

营养特点

椰蓉中含有糖类、脂肪、蛋白质、维生素B族、维生素C及微量元素钾、镁等营养成分，具有补虚强壮、益气祛风、消疳杀虫的功效，久食能令人面部润泽、益人气力及耐受饥饿，可治小儿涤虫、姜片虫病。

黄金玉米条

主料：

玉米粉（熟）、粟米粒、糯米粉。

调料：

● 白糖、精炼油各适量。

制作方法：

1. 玉米粉、粟米粒、糯米粉、白糖加入清水，和成软面团。

2. 将不锈钢方盘刷油，然后将面团放入盘内压平，放入冰箱冷冻。

3. 把冷冻好的面团取出，切成长方条玉米生坯待用。

4. 净锅置火上，加入精炼油烧至七成热，入玉米条生坯炸呈表面金黄色，捞出装盘即成。

操作要领：

炸制时间不宜太长；油必须干净。

营养特点

玉米含有蛋白质、糖类、磷、钾、维生素B族、果胶、硬脂酸等，具有调中开胃、利水、降血糖、降脂等功效。

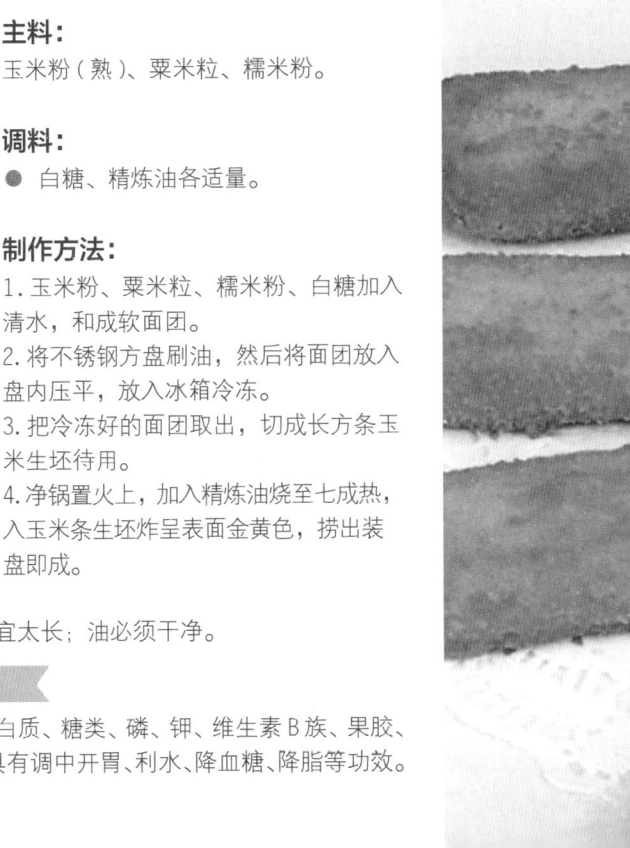

脆皮角

主料:

虾仁、胡萝卜、水发香菇、水发冬笋、香菜碎、春饼皮。

调料:

● a料: 盐、胡椒、蛋清、干细淀粉各适量;
● b料: 盐、味精、鸡精、鲜汤、水淀粉、香油;
● 色拉油适量。

制作方法:

1.虾仁切小丁放入盆内,加入a料拌匀,腌渍半小时。胡萝卜、水发香菇、水发冬笋分别切成小丁。b料入碗调匀成味汁。

2.虾仁入油锅滑散。锅内留油少许,下虾仁、胡萝卜、水发香菇、水发冬笋炒匀,烹入兑好的汁,撒上香菜炒匀成馅料。

3.用春饼皮包上馅料,用蛋清、淀粉封好口,入油锅炸至皮酥脆即可。

操作要领:

炸脆皮角的油温控制在五成左右,将表皮炸酥脆即可。

营养特点

虾中含有丰富的镁,能很好地保护心血管系统,可减少血液中胆固醇含量,防止动脉硬化。

厨房小知识

不要直接把冰的食物放入油锅里,要等它融化了再裹上面糊油炸。

蛋酥

主料：
鸡蛋。

调料：
● 白糖、色拉油、熟芝麻各适量。

操作要领：
掌握好火候，以免将蛋液炸焦。

营养特点

鸡蛋是较好的健脑食品。

厨房小知识

测试油温的方法是将面糊滴入油锅中，面糊沉到底部再慢慢浮上来就是低温；若没有沉到底，在一半处就浮上来了则为中温；若面糊立刻在油锅表面散开就是高温了。

制作方法：

1.鸡蛋打入盆中，加入白糖，用打蛋器搅打成蛋液。

2.炒锅上火，倒入色拉油烧至五成热，然后慢慢倒入鸡蛋液，并用勺子不断地搅动成丝状，待鸡蛋成浅褐色时，捞起沥尽油，趁热倒入底部有孔的深托盘中铺平，撒上适量熟芝麻，然后再加上一托盘，加重物进行重压成形。

3.将压制成形的蛋酥取出，改刀切成块装入盘中即可。

空心玉米酥

主料:
玉米粉。

调料:
● 白糖、泡打粉、精炼油各适量。

制作方法:
1. 玉米粉加入白糖、泡打粉、清水揉匀,用模具做成圆饼。
2. 锅内放入精炼油烧成四成油温,放入玉米饼炸熟透即成。

操作要领:
炸制玉米饼时油温宜中,不断搅拌让玉米饼受热均匀。

营养特点
玉米粉主要含有蛋白质、淀粉、脂肪、维生素、矿物质等营养成分。

龙眼酥

主料:
豆沙馅、面粉。

调料:
● 化猪油、白糖、精炼油各适量。

制作方法:
1. 将面粉加入化猪油和匀,揉搓至面团光滑有韧性为止,制成油酥面团。
2. 面粉加入猪油,与适量的清水揉成水油面团。
3. 酥面、水油面相叠,压扁,用擀面杖擀成牛舌形,从上卷下来再折三折,擀成皮,包入豆沙馅,按扁成饼形,即成生坯。
4. 龙眼酥生坯入油锅中,炸呈淡黄色即可。

操作要领:
炸时油温不宜太高。

营养特点
该品含丰富的蛋白质、脂肪、糖类等,有护肤养颜、润燥滋阴的作用。

冰橘荷花酥

主料：
面粉。

调料：
● 猪油、冰橘馅各适量。

制作方法：
1. 用面粉加猪油，搅和成油酥面。
2. 将面粉加入猪油和适量清水搅拌成水油面皮。分别下剂子，再用小刀划成六瓣包上冰橘馅呈荷花形生坯（也可在面皮中染点红色），放入四成油温的油锅内炸制成荷花形即成（炸时用猪油或精炼油均可）。

操作要领：
在面坯下锅时最好四成油温即可。

营养特点

冰橘主要含糖类、钙、磷、铁、胡萝卜素、维生素C等，尤以维生素C含量高。本点有生津止渴、消食和胃、润肺理气之效。

餐包拼梳莲酥

主料：
蛋黄、豆沙、面粉、猪五花肉。

调料：
● 化猪油、菠菜汁、精盐、味精、鸡精、精炼油各适量。

制作方法：
1. 猪肉洗净切成指甲片，加入精盐、味精、鸡精调成馅料。用面粉、清水和成面团，包入猪肉馅，刷上蛋黄，放入烤箱烤熟取出，即为餐包。
2. 面粉加入化猪油、菠菜汁，和匀成梳莲酥皮，出剂子，包入豆沙，放入热精炼油中炸熟透捞出，即成梳莲酥。
3. 将餐包、梳莲酥摆入盘中即可。

操作要领：
烤餐包时注意色泽，不可烤焦；制作梳莲酥皮时，注意不要断筋。

桂花黄林酥

主料：

桂花馅、面粉。

调料：

● 猪油、鸡蛋液各适量。

制作方法：

1. 将面粉过筛后，加入猪油，揉成油酥面团。
2. 将面粉加入猪油，与适量清水揉成水油面团。
3. 将酥面与水油面逐个分别出条下剂子，用擀面杖擀开成牛舌形，从上卷下来再折成三折，擀成皮坯，包入桂花馅，做成饼形。
4. 放入烤盘内，面上刷上鸡蛋液，进炉烘烤至熟即成。

操作要领：

在烤制本点时，要控制好温度，否则易出现裂口以及点心表皮光洁度不好等问题。

玫瑰海参酥

主料：

面粉、鸡蛋、泡打粉、玫瑰馅。

调料：

● 猪油、白糖各适量。

制作方法：

1. 将面粉过筛后放在案板上，中间挖成坑状，坑内放入鸡蛋、白糖、猪油、泡打粉及少许清水和成面团。
2. 将面团出条下剂子，逐个包入玫瑰馅，做成海参形，再刷上蛋浆放入盘内，烤制成熟即成。

操作要领：

成品制好后，如果酥饼面上有很多裂纹口，就应注意面团的干湿度。

营养特点

猪油味甘、性凉、无毒，有补虚、润燥、解毒的作用。

韭菜酥盒

主料：
面粉、韭菜、鲜肉馅。

调料：
● 猪油、精炼油各适量。

制作方法：
1. 将面粉过滤，用面粉加入猪油和成油酥面。
2. 将面粉加入猪油与适量清水和成水油酥皮。
3. 酥面与水油皮分别下剂子，水油皮包入酥面，用小开酥方式擀成牛舌形，从上向下卷过来，并从中间切开压扁擀成圆片形，中间放入韭菜鲜肉馅，两块合在一起，绞成绳边形面坯，放入油锅内炸制即成。

操作要领：
两片酥皮合在一起，对封口捏花边时，绞绳边要锁紧，不然见油后加之油温低，就会出现酥炸好后会分家，而且心馅露出。

菊花酥

主料：
面粉、莲蓉馅。

调料：
● 猪油适量。

制作方法：
1. 面粉加猪油拌匀，揉成干油酥面。
2. 面粉倒在案板上，扒一个坑，加猪油、温水和成水油面。
3. 将干油酥面包入水油面团内，按扁，擀成长方形后，由上至下卷呈筒状，下剂。剂子包入莲蓉馅，将其用手捏成圆饼形，然后饼坯面割三刀，呈花瓣状，即菊花酥生坯。
4. 将饼坯摆入烤盘内，用慢火烤约 20 分钟，饼呈白色即可。

操作要领：
制水油面时注意热天水的温度低一些，冬人水的温度高一些。和水油面，要搓至面团光滑有韧性。

萝卜丝酥饼

主料：

面粉、白萝卜。

调料：

● 猪挂油、猪板油、花椒面、葱花、精盐、味精、精炼油各适量。

制作方法：

1. 面粉、猪挂油加水制成水油面团；猪挂油、面粉揉匀制成油心；金华火腿、猪板油切小粒；白萝卜切细丝，加盐码渍后，挤干水分。

2. 将白萝卜丝、火腿粒、猪板油、葱花、花椒面等搅匀，制成馅心。

3. 水油面包入油心，揉成筒状，用刀切成圆筒形，明酥面朝向案板，擀成长方形，包入馅心。入低油温锅中慢炸，浮起后，升油温炸至金黄色即成。

操作要领：

炸时，用油要干净，注意控制油温。

鲜肉玉带酥

主料：

面粉、熟鲜肉馅、玉兰片。

调料：

● 猪油、精炼油各适量。

制作方法：

1. 面粉加入猪油揉成油酥面。

2. 将面粉加入猪油及适量清水，揉成水油酥皮。

3. 将油酥面和水油酥皮分别下剂子，水油酥皮包入油酥面，用小开酥方式制成皮，包入熟鲜肉馅、玉兰片，做成椭圆形饼，花纹在面上，放入油锅炸制成熟即成。

操作要领：

和面时一定要水油酥皮与油酥面的软硬度相等，否则开酥时，油酥面和水油酥皮会黏合，形成破酥，影响成品的外观和质量。

蛋黄酥

主料：
中筋面粉、低筋面粉、鸡蛋、咸蛋。

调料：
● 白糖、猪油、食用油各适量。

制作方法：
1.中筋面粉加白糖、猪油、水揉成面团，放置片刻制成油皮；低筋面粉与猪油拌压成团，制成油酥；咸蛋取蛋黄；鸡蛋打匀。
2.将油皮包入油酥，擀成酥皮，包入咸蛋黄后，再于表面刷上蛋液，烤熟后对切即可。

操作要领：
将底部封严，不要露馅。

营养特点
蛋黄中的核黄素就是维生素 B_2，它可以预防嘴角开裂、舌炎、嘴唇疼痛开裂等常见病痛。

月亮酥

主料：
面粉、熟咸蛋黄、红豆沙各适量。

调料：
● 白糖适量。

制作方法：
1. 将咸蛋黄用红豆沙包好。
2. 面粉加入水、白糖调匀成面团，下成小剂子，用擀面杖擀薄，包入豆沙馅，做成球形生坯。
3. 将生坯刷上一层蛋液，放入烤箱烤熟，取出切开即可。

操作要领：
包好后可以再静置松弛 10 分钟左右。

营养特点
红豆有较多的膳食纤维，具有良好的润肠通便、降血压、降血脂、调节血糖、解毒抗癌、预防结石、健美减肥的作用。

脆皮烧麦

主料：

白菜心、腊肉、黄油、面粉。

调料：

● 酱油、葱花、花椒面、姜粉、精盐、味精、菜茎、色拉油各适量。

制作方法：

1. 将熟腊肉洗净剁茸，加酱油、葱花，白菜心用开水汆后切碎，加花椒面、姜粉、盐、黄油拌匀成馅。面粉倒入开水烫好和匀，揉成团，分成大小相等的剂子，用面擀成中间厚周边薄的面片，包上馅，用手指掐起，拦腰用菜茎捆扎成小包。

2. 锅内放色拉油烧热，把小包放入油中炸，待色黄时捞出即成。

操作要领：

油炸时先用大火定型，再转小火慢炸。

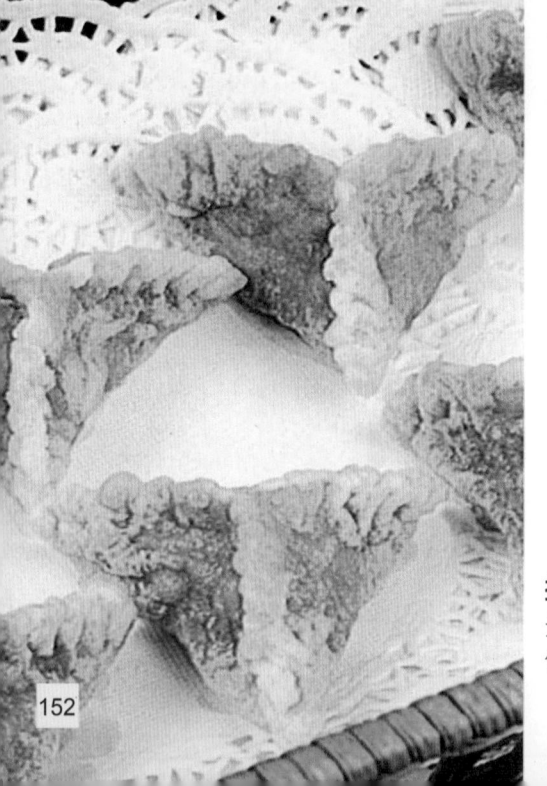

艾蒿酥角

主料：

腊肉、烟熏豆腐干、青笋、元宵粉、艾蒿叶细末。

调料：

● 猪油、花椒油、料酒、味精、葱花、精炼油各适量。

制作方法：

1. 腊肉、烟熏豆腐干、青笋均切成小粒状。

2. 元宵粉加猪油制烫面，再加艾蒿叶细末，揉成翠绿色面团。

3. 锅置火上，加油烧热，倒入腊肉粒、豆干粒、青笋粒炒香，放料酒、味精、葱花、花椒油制成肉馅。

4. 面团下剂，包入肉馅，做成三角饺，下油锅炸透即成。

操作要领：

元宵粉加艾蒿叶细末和匀，使面团翠绿色均匀；三角饺入锅中炸，应控制好油温。